中国农村政策与改革
统计年报

（2019年）

农业农村部政策与改革司 编

中国农业出版社

北 京

编写委员会

主　编：赵　阳

副主编：冀名峰　赵长保　赵　鲲　王　宾
　　　　刘光明　余　葵

参　编：王茂林　杨　霞　刘　涛　李二超
　　　　李　娜　张海阳　项程程

石　慧(北京)　　贾玙涵(天津)　　路　萌(河北)

刘尹君(山西)　　王家琳(内蒙古)　金　迪(辽宁)

雷雅淇(吉林)　　刘　杨(黑龙江)　张　礌(上海)

韩欣池(江苏)　　李振航(浙江)　　朱春华(安徽)

周　锋(福建)　　吴斌斌(江西)　　张　珂(山东)

段朝军(河南)　　左　军(湖北)　　朱端华(湖南)

任玮秋(广东)　　谢国强(广西)　　范暘昊(海南)

付　顿(重庆)　　何　苗(四川)　　薛宝贵(贵州)

瞿学明(云南)　　贡嘎次仁(西藏)　李美杰(陕西)

任燕红(甘肃)　　马文辉(青海)　　刘向鹏(宁夏)

郭岩青(新疆)

编 者 说 明

政策与改革统计报表制度由国家统计局批准执行，是国家农业农村经济社会统计制度的重要组成部分。《中国农村政策与改革统计年报（2019 年）》根据政策与改革统计报表制度调查数据汇总、编辑而成。

本资料包括两部分。第一部分系统收录了全国和各省（自治区、直辖市）2019 年政策与改革各项数据，包括农村经济基本情况、农村土地承包经营及管理情况、农村集体经济组织收益分配和资产负债情况、农村集体产权制度改革情况、农业农村部门名录管理家庭农场情况等。第二部分收录了 2019 年政策与改革情况统计系列报告。为方便读者参考，本书最后一部分附有主要统计指标解释。本书中所有统计数据未收录港、澳、台地区数据。

本资料可为各级党委政府、有关部门和有关科研教学单位及专家学者了解农村集体产权制度、农村土地承包制度改革情况及农村集体经济、家庭农场发展情况等提供参考。

2020 年 7 月

目　　录

第二篇　农村政策与改革情况分析报告

CHAPTER 1 | 第一篇
2019年农村政策与改革统计数据

表1 农村经济基本情况统计表

指标名称	代码	计量单位	数量	占总比（％）	比上年增长（％）
一、基层组织					
1. 汇总乡镇数	1	个	36 082	—	0.7
2. 汇总村数	2	个	583 573	100.0	0.0
（1）村集体经济组织数	3	个	413 370	70.8	40.9
（2）村委会代行村集体经济组织职能的村数	4	个	170 203	29.2	−41.3
3. 汇总村民小组数	5	个	4 838 482	100.0	−1.4
其中：组集体经济组织数	6	个	759 321	15.7	3.2
二、农户及人口情况					
1. 汇总农户数	7	万户	27 771.2	100.0	1.6
2. 汇总人口数	12	万人	100 358.4	—	0.2
三、汇总劳动力数	13	万人	58 537.8	100.0	1.0
其中：1. 从事家庭经营劳动力数	14	万人	30 493.7	52.1	−1.7
其中：从事第一产业劳动力数	15	万人	20 692.3	35.3	−2.3
2. 外出务工劳动力数	16	万人	25 401.0	43.4	3.5
其中：常年外出务工劳动力数	17	万人	20 708.8	35.4	3.5
（1）乡外县内务工劳动力数	18	万人	7 156.7	34.6	4.7
（2）县外省内务工劳动力数	19	万人	6 166.8	29.8	4.6
（3）省外务工劳动力数	20	万人	7 385.4	35.7	1.6

（续）

指标名称	代码	计量单位	数量	占总比（%）	比上年增长（%）
四、集体所有的农用地总面积	**21**	**万亩**①	**761 323.0**	**100.0**	**15.7**
1. 耕地面积	22	万亩	176 326.0	23.2	10.7
其中：(1) 归村所有的面积	23	万亩	63 328.8	8.3	3.8
(2) 归组所有的面积	24	万亩	91 386.1	12.0	11.9
2. 园地面积	25	万亩	11 954.9	1.6	−0.4
其中：家庭承包经营面积	26	万亩	5 781.1	0.8	−3.4
3. 林地面积	27	万亩	217 502.1	28.6	5.5
其中：家庭承包经营面积	28	万亩	109 657.7	14.4	5.9
4. 草地面积	29	万亩	321 372.5	42.2	31.8
其中：家庭承包经营面积	30	万亩	246 920.1	32.4	36.0
5. 水面面积	31	万亩	6 947.1	0.9	−0.5
其中：家庭承包经营面积	32	万亩	2 203.5	0.3	−8.7
6. 其他集体所有的农用地面积	33	万亩	27 220.5	3.6	−8.0
五、农户经营耕地规模情况					
1. 经营耕地 10 亩以下的农户数	34	万户	23 661.7	85.2	1.5
其中：未经营耕地的农户数	35	万户	2 506.1	9.0	16.5
2. 经营耕地 10～30 亩的农户数	36	万户	2 966.7	10.7	3.5
3. 经营耕地 30～50 亩的农户数	37	万户	706.5	2.5	−3.2
4. 经营耕地 50～100 亩的农户数	38	万户	283.6	1.0	4.0
5. 经营耕地 100～200 亩的农户数	39	万户	104.9	0.4	7.1
6. 经营耕地 200 亩以上的农户数	40	万户	47.2	0.2	9.1

---

①　亩为非法定计量单位。15 亩＝1 公顷＝10 000 平方米。

表 1－1 各地区农村经济基本情况统计表

地区	汇总乡镇数 （个）	汇总村数 （个）	村集体经济 组织数 （个）
全　　国	36 082	583 573	413 370
北　　京	187	3 944	3 944
天　　津	151	3 628	2 797
河　　北	2 059	49 514	35 216
山　　西	1 321	27 266	16 434
内　蒙　古	831	11 237	5 383
辽　　宁	1 156	12 422	11 264
吉　　林	718	9 354	959
黑　龙　江	903	8 993	8 980
上　　海	119	1 632	1 617
江　　苏	1 183	17 500	13 313
浙　　江	1 307	23 301	23 300
安　　徽	1 371	15 922	13 479
福　　建	1 034	14 922	12 964
江　　西	1 550	17 557	3 211
山　　东	1 761	83 787	80 443
河　　南	2 313	49 138	40 157
湖　　北	1 152	24 183	12 472
湖　　南	1 800	26 618	15 714
广　　东	1 485	24 637	23 057
广　　西	1 194	15 261	8 938
海　　南	213	3 127	2 306
重　　庆	956	9 187	4 991
四　　川	3 877	45 702	31 645
贵　　州	1 377	18 752	13 900
云　　南	1 395	13 631	2 737
西　　藏	691	2 157	732
陕　　西	1 264	18 487	15 684
甘　　肃	1 268	16 153	2 701
青　　海	381	4 147	2 879
宁　　夏	204	2 279	1 760
新　　疆	861	9 135	393

（续）

地区	村委会代行村集体经济组织职能的村数（个）	汇总村民小组数（个）	组集体经济组织数（个）
全　国	**170 203**	**4 838 482**	**759 321**
北　京	0	10 555	0
天　津	831	13 256	0
河　北	14 298	212 488	4 869
山　西	10 832	80 128	12 432
内蒙古	5 854	59 228	208
辽　宁	1 158	92 677	679
吉　林	8 395	62 380	6 672
黑龙江	13	59 721	1
上　海	15	0	0
江　苏	4 187	273 220	29 979
浙　江	1	320 562	6 895
安　徽	2 443	305 637	11 321
福　建	1 958	161 430	268
江　西	14 346	196 099	428
山　东	3 344	321 000	2 599
河　南	8 981	396 868	17 242
湖　北	11 711	207 631	10 333
湖　南	10 904	458 627	23 864
广　东	1 580	233 078	213 995
广　西	6 323	263 261	58 714
海　南	821	25 946	15 203
重　庆	4 196	76 130	36 025
四　川	14 057	373 564	184 052
贵　州	4 852	168 098	10 265
云　南	10 894	168 717	20 631
西　藏	1 425	3 597	598
陕　西	2 803	133 146	3 730
甘　肃	13 452	96 806	88 170
青　海	1 268	17 202	141
宁　夏	519	14 574	0
新　疆	8 742	32 856	7

（续）

地区	汇总农户数（万户）	汇总人口数（万人）	汇总劳动力数（万人）	从事家庭经营劳动力数（万人）
全 国	**27 771.2**	**100 358.4**	**58 537.84**	**30 493.7**
北 京	133.6	313.0	182.40	43.6
天 津	137.3	401.0	208.54	112.8
河 北	1 632.9	5 707.9	3 111.23	1 845.6
山 西	871.2	2 459.0	1 302.42	738.8
内 蒙 古	493.8	1 463.6	831.94	548.0
辽 宁	684.3	2 170.5	1 232.80	757.8
吉 林	423.7	1 461.9	791.76	489.2
黑 龙 江	540.3	1 862.7	1 033.96	544.2
上 海	117.7	327.9	189.05	32.5
江 苏	1 532.0	5 260.0	2 752.05	1 019.0
浙 江	1 219.5	3 794.5	2 423.95	1 243.8
安 徽	1 482.0	5 628.1	3 380.00	1 526.9
福 建	816.7	3 063.3	1 833.20	939.8
江 西	909.2	3 757.7	2 049.45	974.7
山 东	2 388.6	7 829.3	4 478.30	2 454.8
河 南	2 204.1	8 954.8	5 394.88	2 803.0
湖 北	1 108.3	4 145.3	2 505.52	1 122.1
湖 南	1 558.6	5 983.8	3 598.40	1 855.2
广 东	1 547.0	6 427.2	3 588.11	1 764.9
广 西	1 140.8	4 665.5	2 829.86	1 658.4
海 南	133.1	611.6	332.70	238.4
重 庆	749.6	2 298.4	1 388.04	607.9
四 川	2 068.8	6 804.7	4 192.20	1 990.3
贵 州	971.4	3 826.1	2 204.64	1 237.1
云 南	1 048.2	3 929.6	2 475.20	1 640.8
西 藏	24.0	106.6	62.14	37.2
陕 西	768.4	2 879.2	1 711.13	897.3
甘 肃	520.8	2 137.4	1 329.30	731.3
青 海	104.7	413.0	240.83	126.0
宁 夏	129.2	455.0	251.46	132.6
新 疆	311.5	1 219.7	632.37	379.5

（续）

地区	从事第一产业劳动力数（万人）	外出务工劳动力数（万人）	常年外出务工劳动力数（万人）	乡外县内务工劳动力数（万人）
全　国	**20 692.3**	**25 401.0**	**20 708.8**	**7 156.7**
北　京	21.0	52.8	37.6	22.5
天　津	61.6	59.8	41.2	30.8
河　北	1 199.5	1 046.2	762.1	403.0
山　西	492.1	470.5	379.2	212.6
内蒙古	437.6	329.5	281.8	129.8
辽　宁	528.5	384.7	294.7	144.3
吉　林	377.7	311.6	252.1	93.7
黑龙江	416.5	448.5	360.2	119.9
上　海	8.2	80.3	62.2	40.1
江　苏	589.1	1 409.8	1 091.0	494.1
浙　江	524.1	831.4	673.6	330.0
安　徽	1 047.7	1 798.5	1 498.4	342.1
福　建	553.1	769.0	641.1	245.1
江　西	649.1	996.6	842.5	200.5
山　东	1 599.7	1 719.6	1 305.4	701.1
河　南	1 838.4	2 412.5	1 913.0	576.0
湖　北	710.5	1 167.1	1 051.7	226.4
湖　南	1 253.3	1 691.0	1 350.7	365.4
广　东	1 079.3	1 448.2	1 135.1	441.4
广　西	1 276.7	1 130.4	924.0	201.3
海　南	170.6	75.9	59.6	25.9
重　庆	449.0	868.9	736.5	190.7
四　川	1 524.9	2 229.2	1 992.9	494.1
贵　州	934.5	978.5	832.5	203.0
云　南	1 358.3	840.9	708.5	266.1
西　藏	28.4	12.8	8.7	4.2
陕　西	584.1	793.1	651.8	268.5
甘　肃	508.1	527.7	423.7	148.0
青　海	101.6	112.7	92.2	43.8
宁　夏	95.9	113.9	82.1	42.7
新　疆	273.2	289.2	222.8	149.5

（续）

地区	县外省内务工劳动力数（万人）	省外务工劳动力数（万人）	集体所有的农用地总面积（万亩）	耕地面积（万亩）
全　　国	**6 166.8**	**7 385.4**	**761 323.0**	**176 326.0**
北　　京	14.2	0.9	1 604.4	312.8
天　　津	7.8	2.6	854.1	563.1
河　　北	212.9	146.1	17 536.2	9 167.7
山　　西	111.1	55.5	12 919.1	6 004.3
内 蒙 古	100.2	51.8	130 241.5	12 150.3
辽　　宁	111.4	39.0	15 174.9	6 327.1
吉　　林	94.4	64.0	13 404.5	8 470.9
黑 龙 江	119.1	121.2	19 406.5	15 791.4
上　　海	19.8	2.3	315.6	275.3
江　　苏	403.6	193.3	7 368.2	5 856.5
浙　　江	200.2	143.4	11 073.4	2 062.4
安　　徽	355.6	800.7	14 590.3	8 143.8
福　　建	223.1	172.9	14 483.6	1 728.0
江　　西	155.5	486.4	19 055.7	4 009.1
山　　东	386.1	218.2	12 774.5	10 239.9
河　　南	554.9	782.1	16 441.6	11 306.9
湖　　北	288.6	536.7	19 502.6	6 937.9
湖　　南	334.1	651.2	25 631.5	6 457.9
广　　东	609.1	84.6	18 042.4	3 596.3
广　　西	212.4	510.2	25 157.9	5 372.6
海　　南	23.0	10.7	2 161.8	736.5
重　　庆	205.1	340.7	10 041.0	3 486.0
四　　川	552.0	946.8	52 207.9	9 525.7
贵　　州	185.1	444.4	20 890.1	6 524.9
云　　南	221.0	221.4	44 989.7	10 966.4
西　　藏	4.2	0.3	120 518.7	39.0
陕　　西	206.9	176.4	17 783.2	5 722.4
甘　　肃	135.0	140.7	22 245.7	7 032.7
青　　海	31.1	17.3	63 325.4	851.3
宁　　夏	25.8	13.6	4 240.4	1 664.7
新　　疆	63.2	10.0	7 340.5	5 002.2

（续）

地区	归村所有的耕地面积（万亩）	归组所有的耕地面积（万亩）	园地面积（万亩）	家庭承包经营的园地面积（万亩）
全　国	63 328.8	91 386.1	11 954.9	5 781.1
北　京	312.8	0.0	195.2	82.8
天　津	544.2	0.0	32.3	19.3
河　北	5 610.3	1 116.9	727.6	238.5
山　西	3 780.0	997.2	315.1	141.8
内蒙古	8 696.9	2 958.4	98.5	55.3
辽　宁	1 147.3	4 146.8	460.1	159.7
吉　林	1 479.3	6 323.9	75.8	30.3
黑龙江	7 799.5	5 824.7	30.2	13.5
上　海	23.4	251.9	0.0	0.0
江　苏	676.0	4 485.7	205.1	72.0
浙　江	986.7	913.1	516.9	305.0
安　徽	1 817.0	5 925.7	419.4	287.2
福　建	356.8	1 044.2	696.5	228.0
江　西	199.2	3 440.6	243.8	134.1
山　东	7 655.0	1 612.8	536.9	316.6
河　南	2 022.3	8 041.7	217.5	137.9
湖　北	5 240.4	1 697.5	498.0	236.0
湖　南	1 233.5	4 245.8	749.5	344.8
广　东	576.8	2 825.4	652.3	258.7
广　西	113.4	4 691.1	792.5	338.4
海　南	131.8	369.1	323.4	69.6
重　庆	39.1	3 295.7	351.8	210.2
四　川	554.3	8 551.9	1 027.9	547.4
贵　州	3 468.8	970.0	298.4	134.1
云　南	124.9	10 313.6	1 023.8	600.8
西　藏	38.4	0.2	3.9	0.1
陕　西	566.5	3 441.4	715.1	369.2
甘　肃	2 490.9	2 816.0	389.6	253.3
青　海	600.0	154.8	6.4	4.6
宁　夏	1 107.0	275.9	24.5	10.5
新　疆	3 935.9	654.2	327.0	181.4

（续）

地 区	林地面积 （万亩）	家庭承包 经营的 林地面积 （万亩）	草地面积 （万亩）	家庭承包 经营的 草地面积 （万亩）
全 国	**217 502. 1**	**109 657. 7**	**321 372. 5**	**246 920. 1**
北 京	1 022. 5	108. 5	0. 2	0. 0
天 津	65. 0	12. 3	5. 2	1. 2
河 北	4 787. 2	1 254. 6	1 870. 2	259. 1
山 西	4 486. 6	1 248. 9	1 481. 2	176. 1
内 蒙 古	12 757. 9	8 445. 3	99 254. 4	83 831. 9
辽 宁	6 994. 5	3 507. 2	699. 4	305. 7
吉 林	3 492. 0	1 240. 6	753. 6	197. 7
黑 龙 江	1 571. 5	301. 2	1 073. 5	348. 3
上 海	0. 0	0. 0	0. 0	0. 0
江 苏	282. 0	83. 0	10. 1	1. 1
浙 江	8 115. 4	4 540. 1	5. 7	1. 4
安 徽	4 889. 8	3 345. 4	16. 2	6. 5
福 建	11 111. 8	3 650. 0	134. 7	7. 8
江 西	13 707. 7	9 715. 8	234. 2	47. 6
山 东	1 092. 9	257. 9	68. 9	8. 8
河 南	3 709. 8	2 039. 8	229. 8	37. 8
湖 北	10 534. 2	6 200. 5	101. 6	40. 4
湖 南	16 564. 1	10 281. 1	324. 2	115. 2
广 东	12 386. 2	4 317. 3	35. 1	4. 9
广 西	16 458. 6	8 543. 5	538. 8	38. 6
海 南	819. 6	269. 0	12. 2	1. 5
重 庆	5 257. 1	3 628. 5	332. 7	128. 7
四 川	18 686. 3	7 658. 1	20 719. 3	10 378. 4
贵 州	11 327. 2	6 536. 9	1 460. 7	436. 4
云 南	25 143. 4	12 592. 9	5 863. 3	3 411. 0
西 藏	2 757. 5	113. 0	117 672. 8	98 768. 7
陕 西	10 002. 1	4 989. 7	949. 7	434. 6
甘 肃	3 791. 3	1 677. 7	9 613. 7	5 472. 0
青 海	4 523. 8	2 553. 5	54 900. 3	41 172. 7
宁 夏	767. 9	410. 2	1 607. 6	581. 2
新 疆	396. 0	134. 0	1 403. 4	704. 8

（续）

地 区	水面面积（万亩）	家庭承包经营的水面面积（万亩）	其他集体所有的农用地面积（万亩）
全　国	**6 947.1**	**2 203.5**	**27 220.5**
北　京	14.5	1.0	59.4
天　津	75.3	12.1	113.1
河　北	112.8	18.2	870.7
山　西	13.3	0.9	618.6
内蒙古	149.1	32.8	5 831.5
辽　宁	175.2	30.3	518.5
吉　林	120.3	31.8	491.9
黑龙江	293.1	52.5	647.0
上　海	1.5	0.4	38.8
江　苏	589.5	196.9	424.9
浙　江	190.6	73.2	182.3
安　徽	628.1	216.1	493.0
福　建	220.4	45.1	592.2
江　西	497.6	165.8	363.3
山　东	248.5	54.3	587.4
河　南	252.7	120.7	725.0
湖　北	680.2	222.0	750.6
湖　南	601.7	280.8	934.0
广　东	724.1	240.4	648.4
广　西	363.1	83.3	1 632.4
海　南	45.5	11.5	224.6
重　庆	115.1	54.4	498.2
四　川	475.0	191.0	1 773.7
贵　州	102.5	16.8	1 176.4
云　南	139.0	28.8	1 853.8
西　藏	19.8	2.3	25.8
陕　西	39.3	7.3	354.6
甘　肃	24.0	3.8	1 394.4
青　海	2.1	0.0	3 041.5
宁　夏	17.5	5.5	158.2
新　疆	15.7	3.7	196.3

（续）

地区	经营耕地10亩以下的农户数（万户）	未经营耕地的农户数（万户）	经营耕地10～30亩的农户数（万户）
全　　国	**23 661.7**	**2 506.1**	**2 966.7**
北　　京	129.7	78.2	3.4
天　　津	129.5	38.6	6.7
河　　北	1 412.8	56.2	179.3
山　　西	690.3	108.0	138.7
内　蒙　古	198.5	74.6	157.2
辽　　宁	498.9	66.7	154.0
吉　　林	161.5	28.8	159.4
黑　龙　江	200.6	100.1	145.8
上　　海	116.7	88.7	0.4
江　　苏	1 415.3	241.0	87.8
浙　　江	1 200.7	—	11.5
安　　徽	1 143.5	173.0	247.1
福　　建	791.2	93.6	20.7
江　　西	802.8	79.2	80.0
山　　东	2 159.8	264.5	186.7
河　　南	1 912.8	95.0	230.9
湖　　北	936.7	102.2	139.9
湖　　南	1 432.1	93.7	95.3
广　　东	1 456.8	227.9	73.9
广　　西	1 039.0	30.3	84.0
海　　南	116.2	3.5	12.4
重　　庆	702.3	86.0	39.7
四　　川	1 959.4	124.4	82.6
贵　　州	847.8	78.7	105.1
云　　南	865.4	58.8	140.6
西　　藏	16.9	3.5	6.1
陕　　西	642.5	33.0	100.4
甘　　肃	363.0	18.7	129.8
青　　海	79.7	21.3	22.0
宁　　夏	79.5	16.0	34.1
新　　疆	159.5	21.9	91.2

（续）

地区	经营耕地 30～50 亩的 农户数（万户）	经营耕地 50～100 亩的 农户数（万户）	经营耕地 100～200 亩的 农户数（万户）	经营耕地 200 亩以上的 农户数（万户）
全　　国	**706.5**	**283.6**	**104.9**	**47.2**
北　　京	0.3	0.1	0.1	0.0
天　　津	0.7	0.2	0.1	0.1
河　　北	25.0	9.0	4.4	2.5
山　　西	32.3	7.7	1.5	0.4
内 蒙 古	76.2	44.2	13.1	4.7
辽　　宁	23.8	5.7	1.3	0.5
吉　　林	65.4	26.6	8.9	2.0
黑 龙 江	91.8	59.8	28.7	13.7
上　　海	0.1	0.1	0.3	0.1
江　　苏	15.0	6.8	4.2	2.7
浙　　江	2.4	2.1	1.3	1.3
安　　徽	56.6	20.7	8.3	5.8
福　　建	3.7	0.8	0.2	0.1
江　　西	18.7	5.0	1.9	0.8
山　　东	26.0	11.1	3.3	1.7
河　　南	43.3	11.6	3.8	1.8
湖　　北	23.1	5.0	3.1	0.5
湖　　南	19.0	7.4	3.1	1.7
广　　东	12.8	2.6	0.7	0.2
广　　西	13.7	3.2	0.7	0.2
海　　南	3.3	0.7	0.3	0.1
重　　庆	5.7	1.2	0.4	0.3
四　　川	17.4	5.0	3.1	1.3
贵　　州	13.5	3.8	0.7	0.3
云　　南	29.7	10.2	2.0	0.3
西　　藏	0.9	0.1	0.0	0.0
陕　　西	18.1	5.8	1.4	0.2
甘　　肃	20.7	5.5	0.9	0.9
青　　海	2.1	0.6	0.1	0.2
宁　　夏	10.9	4.0	0.6	0.1
新　　疆	34.4	16.9	6.4	3.0

表2 农村土地承包经营及管理情况统计表

指标名称	代码	计量单位	数量	比上年增长（%）
一、耕地承包情况				
1. 家庭承包经营的耕地面积	1	亩	1 545 766 706	—
2. 家庭承包经营的农户数	2	户	220 040 147	—
3. 家庭承包合同份数	3	份	213 015 581	—
4. 颁发土地承包经营权证份数	4	份	203 829 388	—
其中：以其他方式承包颁发的	5	份	554 019	—
5. 机动地面积	6	亩	68 055 603	—
二、家庭承包耕地流转情况				
1. 家庭承包耕地流转总面积	7	亩	554 980 363	3.0
（1）出租（转包）	8	亩	446 011 789	2.0
其中：出租给本乡镇以外人口或单位的	9	亩	41 973 013	22.3
（2）转让	10	亩	16 869 680	14.1
（3）互换	11	亩	27 979 603	−10.4
（4）入股	12	亩	33 077 592	12.2
其中：耕地入股合作社的面积	13	亩	15 865 169	11.7
（5）其他形式	14	亩	31 041 699	17.5
2. 家庭承包耕地流转去向				
（1）流转入农户的面积	15	亩	311 773 463	1.2
（2）流转入专业合作社的面积	16	亩	125 907 971	4.0
（3）流转入企业的面积	17	亩	57 622 144	3.7
（4）流转入其他主体的面积	18	亩	59 671 199	10.2
3. 流转用于种植粮食作物的面积	19	亩	295 045 386	1.1
4. 流转出承包耕地的农户数	20	户	73 210 836	1.2
5. 签订耕地流转合同份数	21	份	57 405 510	1.1
6. 签订流转合同的耕地流转面积	22	亩	364 118 093	−0.3

(续)

指标名称	代码	计量单位	数量	比上年增长(%)
三、仲裁机构队伍情况				
1. 仲裁委员会数	23	个	2 605	3.2
其中：县级仲裁委员会数	24	个	2 427	−1.5
2. 仲裁委员会人员数	25	人	44 325	−6.8
其中：农民委员人数	26	人	9 591	−10.3
3. 聘任仲裁员数	27	人	52 065	12.1
4. 仲裁委员会日常工作机构人数	28	人	14 532	−2.8
其中：专职人员数	29	人	5 413	−11.6
四、土地承包经营纠纷调处情况				
1. 受理土地承包及流转纠纷总量	30	件	277 299	−20.2
（1）土地承包纠纷数	31	件	182 789	−22.8
①家庭承包	32	件	173 112	−23.5
其中：涉及妇女承包权益的	33	件	11 461	−21.7
②其他方式承包	34	件	9 677	−7.8
（2）土地流转纠纷数	35	件	80 554	−16.6
①农户之间	36	件	57 263	−21.4
②农户与村组集体之间	37	件	13 643	−1.4
③农户与其他主体之间	38	件	9 648	−2.5
（3）其他纠纷数	39	件	13 956	−0.5
2. 调处纠纷总数	40	件	239 235	−21.4
其中：涉及妇女承包权益的	41	件	10 222	−22.1
（1）调解纠纷数	42	件	221 046	−21.6
①乡镇调解数	43	件	93 342	−11.5
②村民委员会调解数	44	件	127 704	−27.6
（2）仲裁纠纷数	45	件	18 189	−18.8
①和解或调解数	46	件	14 405	−23.0
②仲裁裁决数	47	件	3 784	2.7

表 2-1 各地区农村土地承包经营及管理情况统计表

地区	家庭承包 经营的耕地面积 （亩）	家庭承包 经营的农户数 （户）	家庭承包 合同份数 （份）
全　国	**1 545 766 706**	**220 040 147**	**213 015 581**
北　京	4 277 386	886 390	1 119 518
天　津	3 888 055	745 592	657 723
河　北	80 854 754	13 270 090	12 156 323
山　西	51 719 536	5 415 536	5 248 836
内蒙古	98 848 166	3 617 818	3 446 238
辽　宁	53 810 652	5 597 566	5 467 979
吉　林	65 375 286	3 729 751	3 607 775
黑龙江	116 430 999	4 636 515	4 490 245
上　海	1 721 458	586 844	585 318
江　苏	52 167 974	12 072 965	11 742 740
浙　江	18 447 621	8 187 840	7 911 234
安　徽	79 911 594	12 368 037	12 212 476
福　建	15 953 780	5 258 170	5 110 603
江　西	36 784 825	7 306 793	7 155 724
山　东	92 030 028	17 999 161	17 690 904
河　南	107 779 492	19 290 384	18 130 931
湖　北	61 048 493	8 870 125	8 749 791
湖　南	52 430 001	13 374 838	13 280 699
广　东	35 208 284	10 775 279	10 086 570
广　西	45 330 567	9 205 643	8 851 853
海　南	6 902 294	990 328	968 295
重　庆	34 658 005	6 465 649	6 426 183
四　川	90 897 950	17 655 306	16 979 562
贵　州	58 920 392	7 811 085	7 553 075
云　南	109 294 725	8 946 661	8 947 841
陕　西	54 579 996	6 585 182	6 277 678
甘　肃	60 373 543	4 613 909	4 558 572
青　海	8 082 764	722 822	721 611
宁　夏	16 335 392	995 419	902 070
新　疆	31 702 695	2 058 449	1 977 214

（续）

地区	颁发土地承包经营权证份数（份）	以其他方式承包颁发的土地承包经营权证份数（份）	机动地面积（亩）
全　国	203 829 388	554 019	68 055 603
北　京	797 291	7 700	37 900
天　津	636 853	0	373 979
河　北	11 456 575	12 627	5 111 306
山　西	4 944 943	51 894	5 867 848
内蒙古	3 213 120	921	2 876 218
辽　宁	5 082 570	20 756	2 384 596
吉　林	3 215 326	8 324	4 010 414
黑龙江	4 059 802	452	14 375 638
上　海	583 796	0	93 120
江　苏	11 356 509	42 815	593 626
浙　江	7 617 731	15 227	290 789
安　徽	12 144 201	16 011	346 358
福　建	4 914 904	23 864	97 596
江　西	7 063 322	52 503	580 943
山　东	16 955 954	20 505	1 446 492
河　南	17 664 862	51 133	1 539 519
湖　北	8 442 200	87 002	3 012 424
湖　南	12 643 866	40 264	497 347
广　东	10 069 029	30 168	670 983
广　西	8 652 654	1 177	179 522
海　南	893 915	8 265	80 166
重　庆	6 366 469	7 617	111 789
四　川	16 560 626	3	1 048 382
贵　州	7 354 944	23 984	409 928
云　南	8 756 976	7 744	1 352 673
陕　西	6 125 495	9 286	5 574 822
甘　肃	4 506 456	4 753	1 269 140
青　海	685 950	1 100	454 986
宁　夏	894 975	0	62 030
新　疆	168 074	7 924	13 305 071

（续）

地区	家庭承包耕地流转总面积（亩）	出租（转包）面积（亩）	出租给本乡镇以外人口或单位的面积（亩）
全　　国	554 980 363	446 011 789	41 973 013
北　　京	2 980 832	913 454	273 815
天　　津	1 916 395	1 129 935	181 784
河　　北	27 089 188	20 234 821	1 493 997
山　　西	8 039 842	6 717 685	472 667
内 蒙 古	38 412 904	36 363 760	2 070 024
辽　　宁	18 778 100	15 103 874	895 595
吉　　林	25 551 288	23 387 907	311 572
黑 龙 江	65 568 638	59 614 883	1 525 885
上　　海	1 503 521	1 484 460	225 542
江　　苏	30 815 844	22 833 202	3 071 967
浙　　江	11 194 798	10 306 427	1 701 563
安　　徽	39 507 382	32 201 135	5 111 288
福　　建	5 413 814	4 436 230	194 669
江　　西	17 053 726	14 023 628	1 809 890
山　　东	38 904 160	33 241 807	2 523 069
河　　南	38 282 447	28 135 884	2 214 346
湖　　北	24 007 555	17 799 667	1 075 885
湖　　南	25 670 473	18 000 502	1 618 844
广　　东	13 607 300	8 765 556	811 125
广　　西	10 836 291	8 267 870	888 070
海　　南	405 160	288 353	40 704
重　　庆	15 297 849	11 489 173	2 414 043
四　　川	27 140 797	20 746 245	4 893 348
贵　　州	14 233 952	6 712 792	1 184 181
云　　南	10 990 645	9 031 721	1 909 899
陕　　西	14 166 169	10 910 158	671 754
甘　　肃	13 748 078	11 036 813	824 583
青　　海	2 001 977	1 821 590	79 755
宁　　夏	3 158 741	3 020 345	716 759
新　　疆	8 702 498	7 991 911	766 390

（续）

地区	转让面积（亩）	互换面积（亩）	入股面积（亩）	耕地入股合作社的面积（亩）
全　国	**16 869 680**	**27 979 603**	**33 077 592**	**15 865 169**
北　京	46 478	2 819	19 715	16 882
天　津	23 153	2 250	697 736	680 426
河　北	1 555 581	1 810 100	1 359 943	357 432
山　西	157 693	642 014	125 018	53 009
内蒙古	874 684	661 300	149 682	109 048
辽　宁	483 416	1 308 166	817 247	580 429
吉　林	1 033 079	281 051	276 202	149 340
黑龙江	1 595 354	213 179	3 300 161	1 892 374
上　海	1 556	0	16 421	16 008
江　苏	870 930	821 505	4 489 558	1 907 149
浙　江	106 546	83 512	247 681	161 650
安　徽	357 343	2 239 361	1 647 750	329 830
福　建	220 060	246 733	85 668	44 936
江　西	329 154	392 630	832 827	495 910
山　东	495 725	2 270 057	1 835 510	1 214 981
河　南	875 980	5 919 078	1 166 686	351 268
湖　北	1 356 251	1 737 163	1 586 810	1 135 248
湖　南	1 582 460	1 396 771	2 656 175	1 036 623
广　东	357 103	1 706 952	2 401 201	589 855
广　西	142 586	1 389 276	153 197	32 889
海　南	14 042	4 541	17 840	3 809
重　庆	601 221	617 352	1 557 978	1 074 202
四　川	536 763	736 792	1 984 774	1 097 574
贵　州	1 951 940	373 078	3 594 085	1 587 806
云　南	335 134	585 500	345 766	206 232
陕　西	373 398	1 323 277	767 493	272 594
甘　肃	502 894	1 053 515	291 921	135 587
青　海	14 908	47 262	85 799	31 632
宁　夏	40 919	0	93 013	56 504
新　疆	33 331	114 371	473 734	243 941

（续）

地区	其他形式的耕地流转面积（亩）	流转入农户的面积（亩）	流转入专业合作社的面积（亩）	流转入企业的面积（亩）
全　国	**31 041 699**	**311 773 463**	**125 907 971**	**57 622 144**
北　京	1 998 366	399 486	89 749	745 493
天　津	63 321	722 115	764 315	218 664
河　北	2 128 743	12 978 345	7 516 541	2 965 752
山　西	397 432	5 322 774	1 569 561	812 833
内蒙古	363 478	26 143 290	5 928 920	4 143 473
辽　宁	1 065 397	13 604 684	2 760 957	984 772
吉　林	573 049	19 431 992	4 114 583	238 258
黑龙江	845 061	50 687 931	11 256 023	609 666
上　海	1 084	721 670	433 530	201 056
江　苏	1 800 649	15 825 745	6 595 588	2 474 711
浙　江	450 631	7 053 986	2 179 881	926 670
安　徽	3 061 793	20 962 553	10 290 104	3 536 194
福　建	425 123	3 580 664	886 793	432 045
江　西	1 475 487	10 658 634	3 136 247	1 138 948
山　东	1 061 061	20 421 133	9 008 084	5 262 325
河　南	2 184 819	20 518 581	10 624 804	3 878 227
湖　北	1 527 664	11 456 891	7 040 216	2 614 258
湖　南	2 034 565	10 978 576	8 807 455	2 259 862
广　东	376 489	7 671 416	2 150 627	1 689 433
广　西	883 362	5 628 669	2 350 061	1 369 141
海　南	80 383	202 092	51 554	80 355
重　庆	1 032 125	6 637 503	3 167 434	3 577 880
四　川	3 136 223	11 719 752	7 068 381	4 486 789
贵　州	1 602 057	4 449 398	5 392 858	3 124 907
云　南	692 524	4 889 301	1 479 142	2 287 089
陕　西	791 842	6 168 696	3 282 460	3 343 685
甘　肃	862 935	5 558 590	4 467 318	2 097 420
青　海	32 418	822 420	937 823	161 412
宁　夏	4 465	968 108	889 531	1 079 302
新　疆	89 151	5 588 470	1 667 430	881 525

（续）

地区	流转入其他主体的面积（亩）	流转用于种植粮食作物的面积（亩）	流转出承包耕地的农户数（户）	签订耕地流转合同份数（份）
全　国	**59 671 199**	**295 045 386**	**73 210 836**	**57 405 510**
北　京	1 746 104	248 925	430 501	589 350
天　津	211 301	987 845	321 366	160 597
河　北	3 628 550	13 222 440	3 155 816	3 076 826
山　西	334 674	4 007 722	822 882	631 417
内蒙古	2 197 221	24 410 362	1 299 241	900 496
辽　宁	1 427 686	10 995 956	1 509 544	1 482 486
吉　林	1 766 455	20 200 947	1 072 956	713 441
黑龙江	3 015 018	58 392 815	1 969 316	1 644 872
上　海	147 265	788 231	493 724	21 635
江　苏	5 919 800	16 455 768	6 565 277	5 748 285
浙　江	1 034 261	4 842 882	4 387 033	2 624 548
安　徽	4 718 531	25 901 936	6 279 277	4 254 180
福　建	514 312	1 797 017	1 201 044	583 022
江　西	2 119 898	8 724 241	2 359 292	2 064 521
山　东	4 212 618	16 793 048	6 636 819	5 380 226
河　南	3 255 250	23 418 535	6 154 260	5 068 298
湖　北	2 896 190	14 101 506	3 220 043	2 654 148
湖　南	3 624 580	13 533 090	4 649 966	3 761 608
广　东	2 095 825	3 603 148	1 840 359	1 094 268
广　西	1 488 419	1 498 550	1 863 143	1 148 674
海　南	71 158	52 963	48 478	29 161
重　庆	1 915 032	5 243 528	2 867 903	2 110 385
四　川	3 865 875	7 696 546	6 006 584	4 149 072
贵　州	1 266 790	1 780 933	2 095 945	2 304 194
云　南	2 335 113	2 424 402	2 014 316	1 909 883
陕　西	1 371 327	4 830 001	1 391 022	1 088 911
甘　肃	1 624 750	4 040 298	1 607 067	1 352 122
青　海	80 323	836 028	267 011	249 539
宁　夏	221 801	1 512 419	363 977	338 152
新　疆	565 073	2 703 304	316 674	271 193

（续）

地区	签订流转合同的耕地流转面积（亩）	仲裁委员会数（个）	县级仲裁委员会数（个）	仲裁委员会人员数（人）
全　国	**364 118 093**	**2 605**	**2 427**	**44 325**
北　京	1 521 733	13	13	247
天　津	1 194 051	10	10	134
河　北	17 678 435	161	150	2 611
山　西	3 677 655	111	108	2 229
内蒙古	22 567 271	74	74	1 796
辽　宁	13 203 934	83	77	1 547
吉　林	13 280 198	80	60	944
黑龙江	48 333 616	97	87	1 727
上　海	1 503 521	9	9	108
江　苏	25 507 763	67	61	889
浙　江	7 667 517	78	76	1 049
安　徽	27 477 718	105	102	1 816
福　建	1 996 458	79	79	1 310
江　西	9 516 306	95	94	1 602
山　东	26 767 889	133	128	2 257
河　南	25 620 641	160	143	2 813
湖　北	18 253 559	95	94	1 559
湖　南	14 824 173	135	114	2 124
广　东	7 776 259	108	108	1 815
广　西	4 845 750	99	95	1 780
海　南	124 442	18	14	365
重　庆	11 660 227	37	37	594
四　川	15 441 408	178	178	3 408
贵　州	7 180 886	87	85	1 864
云　南	7 902 393	129	128	2 317
陕　西	6 884 576	147	93	1 730
甘　肃	10 262 333	86	83	1 508
青　海	1 608 041	30	28	501
宁　夏	2 995 635	20	18	336
新　疆	6 843 705	81	81	1 345

（续）

地区	农民委员人数（人）	聘任仲裁员数（人）	仲裁委员会日常工作机构人数（人）	专职人员数（人）
全　国	**9 591**	**52 065**	**14 532**	**5 413**
北　京	47	327	73	28
天　津	15	271	64	26
河　北	967	3 551	781	397
山　西	519	2 468	703	273
内蒙古	462	1 621	463	249
辽　宁	184	1 932	423	182
吉　林	107	1 372	438	195
黑龙江	312	1 620	618	115
上　海	21	185	49	9
江　苏	157	975	292	99
浙　江	115	1 203	184	58
安　徽	402	2 807	513	190
福　建	223	1 795	486	103
江　西	419	2 123	519	242
山　东	458	2 479	851	418
河　南	608	3 647	952	547
湖　北	508	2 491	531	283
湖　南	455	2 408	748	322
广　东	285	2 541	557	67
广　西	349	1 526	498	135
海　南	143	242	62	18
重　庆	104	1 222	243	114
四　川	647	3 125	936	268
贵　州	485	1 924	676	182
云　南	306	2 402	849	179
陕　西	622	1 835	652	246
甘　肃	276	1 884	720	275
青　海	71	650	221	3
宁　夏	62	466	104	44
新　疆	262	973	326	146

（续）

地区	受理土地承包及流转纠纷总量（件）	土地承包纠纷数（件）	家庭承包纠纷数（件）
全　国	**277 299**	**182 789**	**173 112**
北　京	1 183	737	634
天　津	275	214	202
河　北	8 620	5 664	5 490
山　西	7 774	5 512	5 308
内蒙古	7 996	5 924	5 751
辽　宁	19 101	13 782	13 046
吉　林	12 752	9 966	8 289
黑龙江	6 319	3 884	3 667
上　海	276	130	130
江　苏	28 021	14 451	13 785
浙　江	5 535	3 818	3 727
安　徽	8 125	5 192	4 828
福　建	959	595	548
江　西	1 599	904	805
山　东	3 709	2 707	2 647
河　南	5 310	3 748	3 670
湖　北	14 126	9 824	9 139
湖　南	20 858	13 329	12 707
广　东	3 939	2 870	2 753
广　西	6 711	3 999	3 674
海　南	2 172	1 812	1 728
重　庆	23 519	14 379	14 007
四　川	34 921	22 941	21 915
贵　州	11 475	6 814	6 203
云　南	22 731	16 491	16 190
陕　西	10 891	7 824	7 210
甘　肃	3 799	2 264	2 139
青　海	951	441	438
宁　夏	1 598	1 295	1 286
新　疆	2 054	1 278	1 196

（续）

地区	家庭承包涉及妇女承包权益的纠纷数（件）	其他方式承包的纠纷数（件）	土地流转纠纷数（件）	农户之间的纠纷数（件）
全　国	**11 461**	**9 677**	**80 554**	**57 263**
北　京	18	103	391	75
天　津	93	12	50	39
河　北	274	174	2 577	1 533
山　西	177	204	2 016	1 533
内蒙古	94	173	1 728	1 386
辽　宁	844	736	4 386	3 615
吉　林	317	1 677	2 269	1 760
黑龙江	106	217	2 284	1 893
上　海	20	0	93	56
江　苏	564	666	12 444	8 576
浙　江	494	91	1 370	792
安　徽	575	364	2 723	1 376
福　建	11	47	272	222
江　西	77	99	555	416
山　东	194	60	908	631
河　南	117	78	1 442	1 208
湖　北	640	685	3 573	2 438
湖　南	1 183	622	6 813	5 568
广　东	102	117	724	537
广　西	436	325	1 728	1 257
海　南	46	84	275	189
重　庆	1 693	372	7 293	4 524
四　川	1 343	1 026	10 103	6 541
贵　州	658	611	4 078	2 746
云　南	842	301	5 099	4 319
陕　西	328	614	2 618	1 742
甘　肃	100	125	1 370	1 095
青　海	12	3	483	437
宁　夏	4	9	292	208
新　疆	99	82	597	551

（续）

地区	农户与村组集体之间的纠纷数（件）	农户与其他主体之间的纠纷数（件）	其他纠纷数（件）	调处纠纷总数（件）
全 国	**13 643**	**9 648**	**13 956**	**239 235**
北 京	279	37	55	1 168
天 津	0	11	11	275
河 北	862	182	379	8 514
山 西	278	205	246	5 368
内蒙古	288	54	344	6 503
辽 宁	494	277	933	17 007
吉 林	446	63	517	11 720
黑龙江	353	38	151	5 309
上 海	28	9	53	276
江 苏	2 932	936	1 126	22 467
浙 江	400	178	347	4 617
安 徽	822	525	210	7 960
福 建	13	37	92	947
江 西	83	56	140	1 558
山 东	187	90	94	3 246
河 南	111	123	120	5 170
湖 北	809	326	729	13 409
湖 南	662	583	716	14 303
广 东	135	52	345	3 239
广 西	184	287	984	5 533
海 南	53	33	85	1 538
重 庆	906	1 863	1 847	22 556
四 川	1 698	1 864	1 877	32 063
贵 州	556	776	583	9 150
云 南	320	460	1 141	19 752
陕 西	485	391	449	8 515
甘 肃	99	176	165	3 114
青 海	43	3	27	935
宁 夏	79	5	11	1 520
新 疆	38	8	179	1 503

（续）

地区	调处涉及妇女承包权益的纠纷数（件）	调解纠纷数（件）	乡镇调解数（件）	村民委员会调解数（件）
全　国	**10 222**	**221 046**	**93 342**	**127 704**
北　京	18	1 106	937	169
天　津	18	252	252	0
河　北	262	7 249	3 361	3 888
山　西	91	4 749	2 341	2 408
内蒙古	279	5 738	2 281	3 457
辽　宁	459	15 511	7 621	7 890
吉　林	190	10 169	7 686	2 483
黑龙江	128	4 335	1 933	2 402
上　海	20	211	180	31
江　苏	661	21 316	7 119	14 197
浙　江	510	4 100	1 524	2 576
安　徽	399	7 400	2 353	5 047
福　建	12	840	368	472
江　西	74	1 402	605	797
山　东	158	2 936	2 057	879
河　南	112	4 677	2 735	1 942
湖　北	867	12 399	4 959	7 440
湖　南	863	13 299	6 358	6 941
广　东	120	2 928	1 622	1 306
广　西	264	5 300	2 847	2 453
海　南	105	1 456	929	527
重　庆	1 533	21 153	5 524	15 629
四　川	1 299	30 804	11 664	19 140
贵　州	463	8 480	3 037	5 443
云　南	822	19 070	6 121	12 949
陕　西	308	8 163	4 093	4 070
甘　肃	91	2 867	1 349	1 518
青　海	28	612	470	142
宁　夏	4	1 340	478	862
新　疆	64	1 184	538	646

（续）

地区	仲裁 纠纷数 （件）	和解 或调解数 （件）	仲裁 裁决数 （件）
全　国	**18 189**	**14 405**	**3 784**
北　京	62	58	4
天　津	23	13	10
河　北	1 265	1 117	148
山　西	619	511	108
内　蒙古	765	565	200
辽　宁	1 496	1 240	256
吉　林	1 551	495	1 056
黑龙江	974	595	379
上　海	65	53	12
江　苏	1 151	847	304
浙　江	517	450	67
安　徽	560	494	66
福　建	107	90	17
江　西	156	130	26
山　东	310	230	80
河　南	493	434	59
湖　北	1 010	913	97
湖　南	1 004	900	104
广　东	311	243	68
广　西	233	149	84
海　南	82	64	18
重　庆	1 403	1 204	199
四　川	1 259	1 192	67
贵　州	670	500	170
云　南	682	596	86
陕　西	352	311	41
甘　肃	247	224	23
青　海	323	308	15
宁　夏	180	179	1
新　疆	319	300	19

（续）

地区	当年征收 征用集体 土地面积 （亩）	征收征用涉及 农户承包 耕地面积 （亩）	涉及 农户数 （户）
全　国	5 008 988	3 263 482	1 543 493
北　京	12 534	5 239	3 548
天　津	288	24	181
河　北	173 605	70 159	47 790
山　西	64 835	43 750	29 982
内蒙古	87 592	33 539	16 014
辽　宁	35 773	16 419	15 456
吉　林	1 474 685	1 168 085	18 574
黑龙江	82 627	67 738	13 524
上　海	10 353	3 996	2 946
江　苏	174 891	134 730	122 740
浙　江	154 717	104 819	112 838
安　徽	168 264	129 275	72 061
福　建	97 505	53 432	88 870
江　西	107 907	74 233	44 227
山　东	189 882	134 586	117 364
河　南	190 053	149 915	112 173
湖　北	125 245	87 559	51 479
湖　南	527 523	80 203	54 601
广　东	158 825	65 516	139 872
广　西	183 222	113 993	100 244
海　南	60 450	52 343	5 658
重　庆	113 400	79 617	51 893
四　川	191 844	146 799	85 296
贵　州	141 444	114 713	59 948
云　南	134 839	99 638	80 460
陕　西	182 758	113 228	70 713
甘　肃	43 403	37 880	15 293
青　海	6 460	1 893	3 184
宁　夏	18 930	10 560	4 673
新　疆	95 132	69 601	1 891

（续）

地区	涉及人口数（人）	当年获得土地补偿费总额（万元）	留作集体公积公益金的补偿费（万元）	分配给农户的补偿费（万元）	分配给被征收征用农户的补偿费（万元）
全 国	5 281 056	37 416 612.9	3 770 455.7	34 370 657.8	24 412 386.2
北 京	11 184	535 697.0	510 860.0	24 837.0	9 016.0
天 津	599	1 141.0	19.3	1 121.7	80.5
河 北	132 446	940 709.1	207 865.8	732 843.3	625 888.3
山 西	89 736	241 523.5	70 675.9	170 847.6	121 875.0
内蒙古	40 918	268 487.0	30 453.0	238 034.0	199 090.2
辽 宁	56 741	121 158.5	28 689.5	92 469.0	56 620.6
吉 林	56 714	295 108.3	25 995.9	269 112.4	199 622.2
黑龙江	46 511	189 480.8	72 193.3	117 287.4	95 201.6
上 海	5 450	32 728.4	30 087.6	2 640.8	95.2
江 苏	437 837	452 357.8	88 549.6	363 808.2	292 173.4
浙 江	355 033	1 762 332.2	355 033.2	1 407 299.1	960 723.7
安 徽	225 738	731 765.4	34 347.2	697 418.1	636 828.9
福 建	314 957	51.1	7.3	43.8	37.0
江 西	173 903	229 204.1	24 188.4	205 015.7	180 617.5
山 东	371 159	729 766.8	245 612.4	484 154.4	390 080.0
河 南	348 173	447 756.4	50 585.1	397 171.4	304 235.4
湖 北	168 919	626 875.0	85 941.7	540 933.4	513 147.6
湖 南	193 341	2 777 599.6	43 538.8	2 734 060.8	2 669 769.8
广 东	513 752	17 591 608.6	486 375.9	17 105 232.7	10 054 342.3
广 西	402 000	1 127 125.6	67 098.5	1 060 027.1	807 302.9
海 南	23 146	83 697.9	21 271.1	62 426.8	43 124.5
重 庆	143 527	381 023.4	40 792.2	340 231.3	293 147.2
四 川	276 460	72.5	30 521.8	694 051.2	606 840.7
贵 州	282 378	410 029.7	15 277.0	394 752.7	327 004.1
云 南	278 202	6 841 093.0	1 149 192.0	5 691 901.0	4 591 303.0
陕 西	248 574	349 404.1	37 552.4	311 851.7	251 045.7
甘 肃	51 040	185 524.9	5 717.2	179 807.6	137 110.9
青 海	10 335	15 061.9	2 853.7	12 208.3	10 733.2
宁 夏	13 530	16 725.8	1 468.1	15 257.7	13 318.1
新 疆	8 753	31 503.6	7 692.1	23 811.6	22 011.0

表3 村集体经济组织收益分配统计表

指标名称	代码	计量单位	数量	占总比（%）	比上年增长（%）
一、总收入	1	万元	56 833 876.6	100.0	15.7
1. 经营收入	2	万元	17 706 055.4	31.2	11.5
2. 发包及上交收入	3	万元	8 690 466.6	15.3	7.6
3. 投资收益	4	万元	2 007 683.6	3.5	32.7
4. 补助收入	5	万元	14 887 646.1	26.2	19.4
5. 其他收入	6	万元	13 542 024.8	23.8	21.1
二、总支出	7	万元	36 628 592.8	100.0	13.7
1. 经营支出	8	万元	8 297 785.9	22.7	0.9
2. 管理费用	9	万元	11 510 774.5	31.4	12.1
其中：（1）干部报酬	10	万元	4 490 340.8	12.3	8.1
（2）报刊费	11	万元	142 218.1	0.4	0.2
3. 其他支出	12	万元	16 820 032.5	45.9	22.7
三、本年收益	13	万元	20 205 283.7	—	19.4
四、年初未分配收益	14	万元	5 497 655.1	—	23.6
五、其他转入	15	万元	2 314 632.3	—	15.1
六、可分配收益	16	万元	28 017 571.1	100.0	19.9
1. 提取公积金、公益金	17	万元	7 371 236.7	26.3	33.4
2. 提取应付福利费	18	万元	3 472 797.2	12.4	8.9
3. 外来投资分利	19	万元	91 067.0	0.3	−27.5
4. 农户分配	20	万元	7 543 345.6	26.9	21.4
5. 其他分配	21	万元	1 336 884.0	4.8	29.6

（续）

指标名称	代码	计量单位	数量	占总比（%）	比上年增长（%）
七、年末未分配收益	**22**	**万元**	**8 202 240.6**	**29.3**	**12.5**
八、附报					
1. 汇入本表村数	23	个	554 376.0	100.0	1.6
（1）当年无经营收益的村	24	个	159 596.0	28.8	−18.3
（2）当年有经营收益的村	25	个	394 780.0	71.2	12.7
①5万元以下的村	26	个	160 142.0	28.9	5.4
②5万~10万元的村	27	个	99 774.0	18.0	20.7
③10万~50万元的村	28	个	93 667.0	16.9	23.8
④50万~100万元的村	29	个	18 667.0	3.4	5.5
⑤100万元以上的村	30	个	22 530.0	4.1	1.2
2. 当年扩大再生产支出	31	万元	2 462 873.1	—	31.5
3. 当年公益性基础设施建设投入	32	万元	14 243 977.7	100.0	14.5
其中：各级财政投入	33	万元	9 589 867.3	67.3	19.9
获得一事一议奖补资金	34	万元	3 221 105.0	22.6	81.5
4. 当年村组织支付的公共服务费用	35	万元	2 167 988.4	—	16.1
5. 农村集体建设用地出租出让宗数	36	宗	566 304.0	—	110.1
6. 农村集体建设用地出租出让面积	37	亩	3 197 333.0	—	57.4
7. 农村集体建设用地出租出让的收入	38	万元	3 640 297.8	—	0.3

表 3－1 各地区村集体经济组织收益分配统计表

地区	总收入（万元）	经营收入（万元）	发包及上交收入（万元）	投资收益（万元）
全　国	56 833 876.6	17 706 055.4	8 690 466.6	2 007 683.6
北　京	2 325 858.0	1 334 619.3	91 158.2	233 428.9
天　津	890 028.6	436 084.4	151 100.0	26 041.3
河　北	2 065 582.0	467 833.7	417 330.8	27 055.3
山　西	1 571 024.5	491 414.0	223 021.1	42 328.9
内蒙古	498 687.9	76 441.9	68 073.5	12 602.9
辽　宁	442 177.0	54 018.0	133 346.1	10 384.4
吉　林	317 565.9	33 934.8	86 025.5	4 636.4
黑龙江	618 566.9	66 021.6	230 681.8	3 101.7
上　海	1 480 917.5	561 456.7	30 296.6	88 624.0
江　苏	4 631 094.1	1 309 508.3	780 916.4	316 491.1
浙　江	5 629 166.1	2 613 970.4	378 619.7	364 609.9
安　徽	1 343 812.9	191 261.7	88 454.4	30 294.1
福　建	1 486 151.1	258 379.8	107 087.0	37 335.3
江　西	931 491.6	194 684.2	78 767.0	21 705.0
山　东	6 268 685.2	2 280 800.0	1 099 308.7	126 167.5
河　南	2 231 815.8	476 257.8	209 807.7	47 357.3
湖　北	2 360 452.6	470 017.5	234 766.6	48 439.2
湖　南	2 649 850.3	313 756.6	89 056.5	21 212.6
广　东	11 440 371.9	4 635 278.7	3 448 917.2	359 062.6
广　西	357 967.8	72 936.9	49 116.6	29 670.3
海　南	763 952.4	97 990.9	16 907.3	2 127.7
重　庆	491 958.2	31 958.1	16 047.9	5 304.6
四　川	1 303 758.3	185 332.3	71 283.7	17 722.6
贵　州	748 938.0	317 402.1	22 722.4	41 266.8
云　南	1 735 158.1	206 359.0	219 830.9	24 518.9
西　藏	54 736.2	29 804.8	1 282.4	877.6
陕　西	1 110 713.7	387 991.9	104 667.1	26 514.9
甘　肃	322 401.8	46 667.3	20 275.4	23 521.7
青　海	116 745.0	10 121.7	6 186.5	7 826.4
宁　夏	130 467.6	20 521.7	7 310.2	6 549.8
新　疆	513 779.4	33 229.1	208 102.1	904.0

（续）

地区	补助收入 （万元）	其他收入 （万元）	总支出 （万元）	经营支出 （万元）
全　国	**14 887 646.1**	**13 542 024.8**	**36 628 592.8**	**8 297 785.9**
北　京	215 183.7	451 467.9	2 442 850.2	1 536 588.9
天　津	129 794.3	147 008.7	757 732.5	316 751.0
河　北	424 274.1	729 088.0	1 632 123.1	308 647.5
山　西	368 923.9	445 336.5	1 273 369.8	387 347.8
内蒙古	163 133.2	178 436.4	406 869.0	71 557.4
辽　宁	130 044.4	114 384.2	438 270.2	31 575.3
吉　林	136 625.8	56 343.4	285 415.0	24 469.6
黑龙江	147 868.5	170 893.2	500 807.6	58 395.8
上　海	562 929.6	237 610.7	1 211 031.1	223 927.8
江　苏	1 335 016.3	889 162.1	2 971 367.0	262 476.4
浙　江	1 641 990.9	629 975.2	2 085 263.9	374 474.4
安　徽	703 561.1	330 241.6	968 618.6	107 636.6
福　建	866 014.7	217 334.3	1 125 083.7	70 476.4
江　西	379 810.1	256 525.3	757 974.6	115 078.3
山　东	1 087 022.2	1 675 386.6	4 721 201.3	1 636 991.7
河　南	485 181.0	1 013 212.0	1 714 831.6	213 468.8
湖　北	852 311.0	754 918.3	1 734 955.7	252 381.9
湖　南	1 693 029.3	532 795.3	2 116 462.4	201 928.1
广　东	953 677.9	2 043 435.4	4 555 538.1	1 296 091.1
广　西	114 364.1	91 879.9	200 049.3	36 458.8
海　南	128 906.3	518 020.1	187 360.8	41 772.9
重　庆	274 027.5	164 620.2	392 487.7	21 267.5
四　川	680 193.2	349 226.5	1 011 811.8	109 320.3
贵　州	155 048.7	212 498.1	405 582.4	158 230.5
云　南	517 040.0	767 409.3	1 284 946.5	143 415.0
西　藏	2 194.2	20 577.3	29 070.8	14 665.2
陕　西	290 244.3	301 295.6	644 715.4	203 305.6
甘　肃	167 097.0	64 840.8	223 853.6	23 586.4
青　海	53 155.0	39 455.5	71 898.9	5 152.1
宁　夏	67 128.6	28 957.4	96 713.6	10 517.1
新　疆	161 855.3	109 689.0	380 336.7	39 829.7

（续）

地区	管理费用 （万元）	干部报酬 （万元）	报刊费 （万元）	其他支出 （万元）
全 国	**11 510 774.5**	**4 490 340.8**	**142 218.1**	**16 820 032.5**
北 京	706 203.1	63 530.8	763.3	200 058.2
天 津	179 321.3	40 182.0	854.5	261 660.2
河 北	398 169.1	85 643.5	11 455.4	925 306.5
山 西	289 416.5	95 734.3	6 602.3	596 605.6
内蒙古	135 757.5	63 719.4	1 318.9	199 554.0
辽 宁	191 256.9	84 191.3	2 586.7	215 438.0
吉 林	117 025.5	68 723.0	783.0	143 919.8
黑龙江	116 186.9	68 229.1	1 267.3	326 224.9
上 海	358 259.5	112 586.8	1 031.0	628 843.8
江 苏	1 159 933.9	696 105.6	16 131.2	1 548 956.6
浙 江	914 363.4	359 067.3	9 747.9	796 426.1
安 徽	338 006.0	169 237.3	1 972.1	522 976.0
福 建	358 152.1	155 391.0	8 026.4	696 455.2
江 西	300 670.8	162 303.1	6 058.6	342 225.4
山 东	1 000 382.9	364 208.2	10 180.3	2 083 826.7
河 南	465 172.2	210 613.8	6 889.8	1 036 190.6
湖 北	422 516.5	253 100.8	9 908.2	1 060 057.2
湖 南	547 169.9	252 946.9	3 873.5	1 367 364.4
广 东	1 794 842.8	366 076.4	13 007.9	1 464 604.2
广 西	78 638.2	40 684.3	1 485.0	84 952.3
海 南	48 740.7	5 097.6	351.5	96 847.1
重 庆	139 973.9	71 479.9	1 589.1	231 246.2
四 川	407 389.5	265 180.9	12 245.1	495 102.0
贵 州	161 123.2	75 299.2	980.7	86 228.7
云 南	341 381.2	100 563.2	2 743.8	800 150.3
西 藏	4 616.4	776.7	53.5	9 789.2
陕 西	144 425.4	74 540.2	6 475.9	296 984.4
甘 肃	132 367.9	80 377.3	1 329.8	67 899.3
青 海	45 010.1	22 567.8	196.4	21 736.8
宁 夏	38 626.5	26 295.0	152.1	47 570.1
新 疆	175 674.6	55 888.0	2 157.0	164 832.4

（续）

地区	本年收益 （万元）	年初未 分配收益 （万元）	其他转入 （万元）	可分配收益 （万元）
全　国	**20 205 283. 7**	**5 497 655. 1**	**2 314 632. 3**	**28 017 571. 1**
北　京	−116 992. 2	−1 654 117. 8	451 303. 5	−1 319 806. 5
天　津	132 296. 1	−276 091. 1	49 795. 4	−93 999. 5
河　北	433 458. 9	431 021. 2	106 098. 3	970 578. 4
山　西	297 654. 6	−81 628. 0	115 619. 5	331 646. 2
内蒙古	91 818. 9	30 836. 9	106 119. 6	228 775. 5
辽　宁	3 906. 7	−303 149. 3	6 716. 7	−292 525. 8
吉　林	32 150. 9	39 615. 4	1 721. 1	73 487. 4
黑龙江	117 759. 3	−20 491. 0	18 345. 1	115 613. 4
上　海	269 886. 4	787 770. 4	−5 642. 8	1 052 014. 0
江　苏	1 659 727. 1	661 598. 3	111 309. 3	2 432 634. 7
浙　江	3 543 902. 1	840 247. 8	392 214. 6	4 776 364. 6
安　徽	375 194. 3	414 398. 5	7 423. 0	797 015. 8
福　建	361 067. 4	48 474. 5	42 461. 2	452 003. 1
江　西	173 517. 0	137 680. 9	20 810. 9	332 008. 9
山　东	1 547 483. 9	467 515. 2	221 586. 9	2 236 586. 0
河　南	516 984. 2	229 537. 1	70 779. 4	817 300. 6
湖　北	625 496. 9	291 267. 7	15 427. 1	932 191. 8
湖　南	533 387. 8	280 781. 9	7 327. 6	821 497. 4
广　东	6 884 833. 8	1 216 099. 5	392 367. 3	8 493 300. 6
广　西	157 918. 5	110 536. 4	3 641. 9	272 096. 8
海　南	576 591. 7	116 130. 4	787. 6	693 509. 7
重　庆	99 470. 6	206 035. 1	21 323. 9	326 829. 6
四　川	291 946. 5	340 161. 0	7 046. 7	639 154. 2
贵　州	343 355. 7	88 945. 4	8 893. 1	441 194. 1
云　南	450 211. 6	614 256. 7	112 666. 1	1 177 134. 4
西　藏	25 665. 4	42 224. 7	77. 8	67 967. 9
陕　西	465 998. 4	258 534. 9	15 033. 0	739 566. 3
甘　肃	98 548. 2	87 653. 4	2 792. 2	188 993. 8
青　海	44 846. 1	20 797. 7	7 296. 4	72 940. 2
宁　夏	33 754. 0	33 808. 0	2 725. 3	70 287. 2
新　疆	133 442. 7	37 203. 2	564. 4	171 210. 3

（续）

地区	提取公积金、公益金（万元）	提取应付福利费（万元）	外来投资分利（万元）	农户分配（万元）
全　国	7 371 236.7	3 472 797.2	91 067.0	7 543 345.6
北　京	33 516.2	1 323.0	126.9	465 695.4
天　津	49 354.2	104 163.1	0.0	20 094.0
河　北	200 650.7	80 074.8	3 185.5	60 188.3
山　西	204 661.3	82 494.6	691.6	32 916.5
内蒙古	56 888.0	7 216.4	130.7	24 524.1
辽　宁	46 723.0	16 910.4	3.9	5 131.1
吉　林	59 838.8	991.5	0.0	1 407.1
黑龙江	83 819.1	5 008.7	0.0	3 663.8
上　海	73 596.8	3 016.0	1 837.9	69 043.9
江　苏	1 389 992.4	189 353.2	437.3	306 157.5
浙　江	1 511 659.0	1 132 317.1	509.2	956 534.9
安　徽	70 675.0	22 939.6	9 040.5	33 892.4
福　建	154 462.1	136 395.9	198.2	28 565.8
江　西	42 174.4	7 980.4	3 176.7	43 419.8
山　东	824 382.9	300 605.9	4 488.4	249 309.0
河　南	261 805.6	65 116.5	11 974.2	87 258.8
湖　北	312 707.0	47 407.0	6 436.0	59 152.6
湖　南	177 137.6	8 077.6	5 837.5	28 484.7
广　东	1 091 240.5	1 208 207.4	31 770.4	4 601 599.8
广　西	18 049.4	2 399.6	2 186.5	38 393.3
海　南	23 822.6	139.0	254.4	4 562.8
重　庆	33 557.3	3 657.3	449.0	15 061.9
四　川	89 580.8	12 255.8	2 946.7	81 828.3
贵　州	11 486.4	2 552.4	4 282.4	53 349.6
云　南	340 211.6	6 375.1	56.2	105 072.0
西　藏	71.8	82.6	31.2	3 849.7
陕　西	49 652.3	11 905.4	966.3	147 387.5
甘　肃	39 556.6	1 671.3	32.1	13 602.7
青　海	18 859.0	949.6	0.0	1 151.8
宁　夏	10 814.9	0.0	0.0	690.3
新　疆	90 289.4	11 209.9	17.4	1 356.4

（续）

地区	其他分配 （万元）	年末未 分配收益 （万元）	汇入 本表村数 （个）
全　　国	**1 336 884.0**	**8 202 240.6**	**554 376**
北　　京	70 958.4	−1 891 426.3	3 944
天　　津	21 860.3	−289 471.1	3 626
河　　北	29 532.7	596 946.4	42 891
山　　西	17 250.7	−6 368.5	25 735
内　蒙　古	6 440.1	133 576.2	11 223
辽　　宁	2 350.1	−363 644.3	12 199
吉　　林	1 153.6	10 096.3	8 636
黑　龙　江	18 205.2	4 916.6	8 909
上　　海	33 428.0	871 091.5	1 614
江　　苏	46 728.3	499 966.0	17 472
浙　　江	21 648.1	1 153 696.3	23 301
安　　徽	17 499.2	642 969.1	15 922
福　　建	7 712.3	124 668.8	14 922
江　　西	10 978.8	224 278.7	17 557
山　　东	63 209.1	794 590.7	83 628
河　　南	23 472.2	367 673.4	44 589
湖　　北	45 815.9	460 673.3	24 183
湖　　南	21 066.5	580 893.5	24 978
广　　东	654 907.0	905 575.5	22 241
广　　西	10 979.9	200 088.0	14 081
海　　南	−1 303.6	666 034.5	1 686
重　　庆	3 344.1	270 760.0	9 187
四　　川	12 353.3	440 189.3	43 792
贵　　州	11 547.8	357 975.5	14 856
云　　南	47 941.5	677 478.0	13 631
西　　藏	171.4	63 761.1	541
陕　　西	131 349.5	398 305.3	17 754
甘　　肃	2 887.7	131 243.4	16 140
青　　海	1 500.5	50 479.3	4 147
宁　　夏	253.4	58 528.7	2 259
新　　疆	1 642.0	66 695.4	8 732

（续）

地区	当年无经营收益的村（个）	当年有经营收益的村（个）	当年经营收益5万元以下的村（个）	当年经营收益5万～10万元的村（个）
全　　国	**159 596**	**394 780**	**160 142**	**99 774**
北　　京	2 030	1 914	269	159
天　　津	1 605	2 021	501	270
河　　北	17 305	25 586	13 189	6 485
山　　西	9 353	16 382	6 730	4 420
内　蒙　古	5 105	6 118	2 259	2 120
辽　　宁	6 069	6 130	2 572	1 742
吉　　林	3 589	5 047	1 643	1 465
黑　龙　江	2 990	5 919	1 584	1 001
上　　海	399	1 215	137	55
江　　苏	3 973	13 499	1 016	932
浙　　江	4 554	18 747	1 928	3 116
安　　徽	310	15 612	3 197	5 183
福　　建	5 758	9 164	2 240	2 669
江　　西	1 036	16 521	1 772	9 454
山　　东	10 179	73 449	29 025	19 674
河　　南	23 646	20 943	10 517	5 457
湖　　北	2 068	22 115	3 343	5 700
湖　　南	3 174	21 804	11 521	6 816
广　　东	14 240	8 001	1 732	704
广　　西	2 330	11 751	7 316	2 998
海　　南	615	1 071	470	265
重　　庆	2 408	6 779	4 638	1 303
四　　川	16 047	27 745	22 690	3 261
贵　　州	4 225	10 631	4 332	3 153
云　　南	4 376	9 255	5 205	2 310
西　　藏	242	299	133	55
陕　　西	6 731	11 023	6 045	2 868
甘　　肃	1 699	14 441	10 778	2 647
青　　海	1 899	2 248	1 371	497
宁　　夏	300	1 959	727	784
新　　疆	1 341	7 391	1 262	2 211

（续）

地区	当年经营收益10万~50万元的村（个）	当年经营收益50万~100万元的村（个）	当年经营收益100万元以上的村（个）	当年扩大再生产支出（万元）
全　国	93 667	18 667	22 530	2 462 873.1
北　京	562	267	657	84 627.5
天　津	682	219	349	22 680.1
河　北	4 327	917	668	5 591.9
山　西	3 952	708	572	4 351.4
内蒙古	1 383	192	164	682.7
辽　宁	1 399	218	199	2 565.5
吉　林	1 630	222	87	387.6
黑龙江	2 451	583	300	1 112.7
上　海	265	174	584	3 387.8
江　苏	5 225	2 987	3 339	161 184.0
浙　江	6 779	2 256	4 668	476 217.3
安　徽	6 189	882	161	23 560.2
福　建	3 223	491	541	17 278.4
江　西	4 500	447	348	12 840.5
山　东	18 164	3 281	3 305	64 172.4
河　南	3 626	732	611	10 945.4
湖　北	11 479	926	667	29 358.7
湖　南	2 915	358	194	31 704.1
广　东	1 664	633	3 268	1 420 517.0
广　西	1 208	124	105	4 421.1
海　南	185	69	82	1 401.3
重　庆	708	77	53	1 886.3
四　川	1 459	184	151	23 155.9
贵　州	2 215	528	403	29 603.0
云　南	1 289	191	260	4 457.9
西　藏	77	15	19	1 466.8
陕　西	1 441	353	316	10 947.4
甘　肃	862	97	57	7 178.1
青　海	319	31	30	2 943.8
宁　夏	382	31	35	173.6
新　疆	3 107	474	337	2 072.6

（续）

地区	当年公益性基础设施建设投入（万元）	各级财政投入（万元）	获得一事一议奖补资金（万元）	当年村组织支付的公共服务费用（万元）
全 国	**14 243 977.7**	**9 589 867.3**	**3 221 105.0**	**2 167 988.4**
北 京	40 688.3	19 612.1	3 734.9	60 219.4
天 津	11 892.6	5 794.3	0.0	10 043.5
河 北	236 839.2	156 092.0	60 162.3	22 150.1
山 西	114 499.4	68 424.9	32 527.2	11 847.1
内蒙古	29 337.6	19 832.2	12 345.3	2 494.8
辽 宁	75 365.4	67 876.0	55 328.1	5 564.1
吉 林	33 129.4	23 400.7	6 418.2	4 961.6
黑龙江	28 666.3	10 193.9	267.9	11 300.0
上 海	39 979.6	6 950.5	1 525.3	60 655.9
江 苏	1 160 815.0	730 064.4	70 464.6	213 761.6
浙 江	1 471 287.6	693 858.0	109 018.3	588 337.9
安 徽	1 046 633.5	886 896.7	107 271.2	31 483.2
福 建	2 368 845.2	2 207 735.8	1 945 814.5	84 036.2
江 西	304 365.5	224 899.3	20 822.8	11 860.8
山 东	435 272.9	185 505.8	18 421.7	108 907.1
河 南	343 525.0	288 648.3	14 828.3	18 305.6
湖 北	1 260 164.5	496 663.7	68 414.3	27 791.0
湖 南	924 243.7	692 716.6	55 864.7	71 595.5
广 东	1 229 987.9	171 023.8	11 602.8	686 552.7
广 西	427 815.2	359 856.6	123 768.9	9 502.5
海 南	15 566.1	14 374.9	2 332.8	267.9
重 庆	466 199.4	427 798.3	33 120.7	6 413.2
四 川	791 421.1	637 283.6	66 350.2	67 653.6
贵 州	610 411.3	566 694.1	307 808.7	11 782.6
云 南	432 856.1	358 149.3	16 681.2	18 265.4
西 藏	46.0	0.0	0.0	194.8
陕 西	216 185.0	157 551.8	30 538.2	10 271.4
甘 肃	64 103.2	54 051.4	20 163.5	1 794.5
青 海	9 015.6	7 520.7	5 641.6	1 879.2
宁 夏	26 124.2	25 742.3	19 135.0	1 975.2
新 疆	28 695.4	24 655.0	731.8	6 120.1

（续）

地区	农村集体建设用地出租出让宗数（宗）	农村集体建设用地出租出让面积（亩）	农村集体建设用地出租出让的收入（万元）
全　国	**566 304.0**	**3 197 333.0**	**3 640 297.8**
北　京	2 673	39 486	223 170.2
天　津	662	3 588	11 446.4
河　北	2 598	150 014	16 751.6
山　西	3 115	37 153	10 738.9
内蒙古	39	372	216.5
辽　宁	31	2 041	9 552.9
吉　林	5	10 032	71.0
黑龙江	107	3 434	229.2
上　海	2 681	31 482	47 970.4
江　苏	436 606	990 054	438 559.6
浙　江	23 914	194 367	820 509.9
安　徽	420	10 921	13 082.5
福　建	2 202	14 155	87 804.5
江　西	280	426 934	4 598.2
山　东	3 121	25 963	82 771.1
河　南	1 905	31 930	16 984.3
湖　北	428	26 534	14 884.6
湖　南	23 821	78 552	28 182.4
广　东	53 711	456 304	1 678 185.4
广　西	1 587	22 240	9 052.2
海　南	204	1 928	627.7
重　庆	135	2 241	1 736.6
四　川	710	17 095	39 548.1
贵　州	740	513 738	7 792.7
云　南	1 293	10 352	38 959.5
西　藏	20	25 729	1 376.1
陕　西	2 990	60 766	27 853.3
甘　肃	52	938	1 618.1
青　海	77	2 486	1 076.9
宁　夏	31	5 789	2 579.5
新　疆	146	715	2 367.3

表4　村集体经济组织资产负债情况统计表

指标名称	代码	计量单位	数量	占总比（％）	比上年增长（％）
一、流动资产合计	1	万元	206 202 377.3	100.0	14.3
1.货币资金	2	万元	110 959 489.0	53.8	20.2
2.短期投资	3	万元	7 686 353.8	3.7	2.0
3.应收款项	4	万元	83 697 384.8	40.6	8.4
4.存货	5	万元	3 859 149.6	1.9	17.0
二、农业资产合计	6	万元	8 851 698.4	100.0	83.2
1.牲畜（禽）资产	7	万元	575 649.7	6.5	0.7
2.林木资产	8	万元	8 276 048.7	93.5	94.2
三、长期资产合计	9	万元	291 646 348.4	100.0	21.9
1.长期投资	10	万元	30 154 640.2	10.3	21.5
2.固定资产合计	11	万元	253 569 348.8	86.9	22.2
其中：当年新购建的	12	万元	8 769 943.3	3.0	48.6
（1）固定资产原值	13	万元	215 742 202.3	—	25.5
（2）固定资产累计折旧	14	万元	19 918 866.9	—	11.2
（3）固定资产净值	15	万元	195 823 335.4	—	27.2
（4）固定资产清理	16	万元	1 259 075.1	—	16.9
（5）在建工程	17	万元	56 486 938.2	—	7.8
3.其他资产	18	万元	7 922 359.4	2.7	14.3
四、资产总计①	19	万元	506 700 424.1	—	19.4
五、流动负债合计	20	万元	149 275 074.5	100.0	13.8
1.短期借款	21	万元	11 571 723.5	7.8	−1.3

　　①本表中资产总计统计口径与农村集体资产清产核资口径不同，有的省包括组级集体经济组织，有的省未包括所属全资企业。表4-1同。

（续）

指标名称	代码	计量单位	数量	占总比（％）	比上年增长（％）
2. 应付款项	22	万元	135 167 279.3	90.5	15.2
3. 应付工资	23	万元	1 339 475.4	0.9	19.6
4. 应付福利费	24	万元	1 196 596.3	0.8	18.8
六、长期负债合计	**25**	**万元**	**30 678 816.4**	**100.0**	**1.7**
1. 长期借款及应付款	26	万元	28 835 608.6	94.0	1.0
2. 一事一议资金	27	万元	1 843 207.8	6.0	14.1
七、所有者权益合计	**28**	**万元**	**326 746 533.2**	**100.0**	**24.2**
1. 资本	29	万元	67 113 376.2	20.5	25.2
2. 公积公益金	30	万元	246 205 198.5	75.4	22.8
3. 未分配收益	31	万元	13 427 958.9	4.1	49.1
八、负债及所有者权益合计	**32**	**万元**	**506 700 424.1**	**—**	**19.4**
九、附报					
1. 经营性资产总额	33	万元	145 612 487.4	100.0	6.8
其中：经营性固定资产合计	34	万元	48 771 069.4	33.5	−3.5
2. 负债合计	35	万元	179 953 890.9	100.0	11.5
其中：(1) 经营性负债	36	万元	23 005 804.2	12.8	34.7
(2) 兴办公益事业负债	37	万元	12 432 135.8	6.9	1.8
其中：①义务教育负债	38	万元	353 751.4	0.2	−23.2
②道路建设负债	39	万元	4 466 069.5	2.5	−0.9
③兴修水电设施负债	40	万元	1 092 410.8	0.6	−1.2
④卫生文化设施负债	41	万元	1 116 294.0	0.6	4.0
3. 当年新增负债	42	万元	5 594 349.1	—	−5.1

表 4-1 各地区村集体经济组织资产负债情况统计表

地区	流动资产合计（万元）	货币资金（万元）	短期投资（万元）	应收款项（万元）
全　　国	**206 202 377.3**	**110 959 489.0**	**7 686 353.8**	**83 697 384.8**
北　　京	27 293 612.3	14 307 693.5	1 608 014.0	10 016 939.8
天　　津	7 003 987.1	1 299 315.3	105 142.7	5 270 384.2
河　　北	5 441 736.0	3 581 009.9	101 046.6	1 730 048.0
山　　西	7 654 195.8	2 168 120.6	292 657.2	4 991 720.3
内 蒙 古	2 118 902.1	742 475.7	21 578.1	1 346 513.2
辽　　宁	4 279 361.4	1 561 088.1	85 592.5	2 556 669.2
吉　　林	2 321 510.3	956 792.6	80 841.3	1 274 558.7
黑 龙 江	2 543 346.7	716 918.2	41 550.5	1 755 596.1
上　　海	9 128 200.4	3 860 704.7	249 648.8	5 016 033.7
江　　苏	16 870 329.0	6 005 031.8	1 461 246.7	9 361 427.2
浙　　江	24 737 636.9	15 967 708.2	1 049 960.3	7 675 540.9
安　　徽	1 906 328.8	1 270 746.0	47 699.5	579 375.8
福　　建	5 661 171.0	4 288 349.4	108 053.5	1 260 020.1
江　　西	3 087 750.5	1 780 679.0	42 111.2	1 238 759.6
山　　东	21 505 612.6	7 224 036.5	450 007.1	12 671 309.3
河　　南	4 685 136.5	2 365 556.7	148 562.4	2 011 101.3
湖　　北	4 831 536.3	2 587 300.7	93 174.5	2 133 704.4
湖　　南	3 211 288.2	2 090 118.7	67 882.6	1 034 665.6
广　　东	36 324 217.1	27 261 721.5	1 318 237.5	7 584 853.9
广　　西	935 223.5	820 768.3	27 572.7	81 463.9
海　　南	430 280.4	417 632.5	793.6	11 191.7
重　　庆	1 072 482.2	830 363.1	22 106.2	217 400.9
四　　川	3 660 680.8	2 291 387.4	59 802.0	1 281 358.7
贵　　州	933 406.2	617 725.4	33 251.5	265 702.5
云　　南	3 821 852.4	3 082 323.1	24 118.3	702 099.2
西　　藏	162 287.6	118 338.8	92.5	40 142.1
陕　　西	1 431 948.3	1 038 200.1	32 947.8	346 361.0
甘　　肃	1 164 728.5	685 978.2	80 721.6	392 663.0
青　　海	323 330.9	185 927.7	10 477.2	123 610.8
宁　　夏	285 357.6	180 839.5	11 262.6	91 779.5
新　　疆	1 374 940.0	654 638.3	10 200.8	634 390.2

（续）

地区	存货 （万元）	农业资产 合计 （万元）	牲畜（禽） 资产 （万元）	林木资产 （万元）
全　　国	3 859 149.6	8 851 698.4	575 649.7	8 276 048.7
北　　京	1 360 965.0	0.0	0.0	0.0
天　　津	329 145.0	10 514.1	29.0	10 485.1
河　　北	29 631.5	927 638.7	19 579.7	908 059.1
山　　西	201 697.7	335 956.8	5 161.6	330 795.2
内　蒙　古	8 335.1	82 726.2	33 535.1	49 191.1
辽　　宁	76 011.6	101 752.6	2 339.0	99 413.6
吉　　林	9 317.8	14 311.7	4 531.1	9 780.6
黑　龙　江	29 281.9	129 552.0	8 715.6	120 836.4
上　　海	1 813.2	5 836.9	0.0	5 836.9
江　　苏	42 623.3	95 015.5	208.0	94 807.6
浙　　江	44 427.5	230 280.2	406.9	229 873.3
安　　徽	8 507.5	317 243.0	969.2	316 273.8
福　　建	4 748.0	112 602.8	816.9	111 785.9
江　　西	26 200.7	403 134.2	19 905.4	383 228.8
山　　东	1 160 260.0	220 162.2	11 092.0	209 070.2
河　　南	159 916.1	341 952.3	43 722.7	298 229.5
湖　　北	17 356.7	848 033.5	16 322.0	831 711.6
湖　　南	18 621.2	530 641.1	59 267.4	471 373.7
广　　东	159 404.3	133 785.3	5 674.3	128 110.9
广　　西	5 418.6	414 599.0	5 048.2	409 550.8
海　　南	662.6	23 500.6	11 011.0	12 489.7
重　　庆	2 612.0	156 200.1	344.0	155 856.0
四　　川	28 132.7	430 099.5	21 662.9	408 436.6
贵　　州	16 726.8	1 738 774.2	131 173.1	1 607 601.0
云　　南	13 311.8	338 569.8	5 654.6	332 915.2
西　　藏	3 714.3	50 876.4	2 196.1	48 680.3
陕　　西	14 439.4	630 073.0	118 613.9	511 459.1
甘　　肃	5 365.7	121 185.6	4 938.5	116 247.1
青　　海	3 315.3	18 100.2	15 202.3	2 897.9
宁　　夏	1 475.9	3 122.3	1 685.6	1 436.7
新　　疆	75 710.6	85 458.6	25 843.7	59 614.9

（续）

地区	长期资产 合计 （万元）	长期投资 （万元）	固定资产 合计 （万元）	当年新购建的 固定资产 （万元）
全　国	291 646 348.4	30 154 640.2	253 569 348.8	8 769 943.3
北　京	14 596 600.5	5 373 342.9	8 572 579.8	2 898 114.1
天　津	6 050 340.8	1 165 187.7	4 705 256.8	29 473.6
河　北	10 421 541.5	487 155.2	9 874 957.3	179 427.6
山　西	12 071 880.0	721 213.1	11 299 274.1	199 431.6
内蒙古	4 298 325.6	148 445.7	4 107 518.0	69 453.2
辽　宁	4 270 119.6	434 572.4	3 685 340.2	41 331.0
吉　林	1 943 222.1	221 309.4	1 699 490.6	27 857.3
黑龙江	2 521 591.4	135 896.3	2 324 068.5	69 873.6
上　海	4 059 476.7	2 026 923.9	1 989 547.6	119 425.6
江　苏	19 668 850.2	4 441 050.1	14 879 549.3	404 594.1
浙　江	40 687 092.0	3 912 896.5	36 095 206.9	1 401 971.3
安　徽	6 351 034.6	254 984.8	6 062 644.1	175 536.3
福　建	8 252 098.7	553 831.1	7 639 612.1	248 830.2
江　西	4 068 567.6	215 211.0	3 770 771.4	27 584.7
山　东	31 388 471.3	2 714 725.5	27 839 837.2	577 487.0
河　南	14 364 852.0	616 226.0	13 580 995.9	265 525.3
湖　北	9 059 534.1	454 084.3	8 482 868.8	284 147.7
湖　南	6 760 008.5	198 034.4	6 483 702.4	108 704.2
广　东	36 904 954.0	4 449 229.9	29 273 328.5	444 578.9
广　西	4 001 944.1	185 497.5	3 787 241.7	50 032.3
海　南	274 768.5	8 324.6	261 167.4	42 135.2
重　庆	3 361 942.9	41 462.9	3 297 232.7	34 579.8
四　川	13 212 021.7	233 809.5	12 239 324.5	324 054.4
贵　州	6 696 439.0	201 997.2	6 426 556.7	50 018.1
云　南	10 204 539.9	297 899.7	9 796 739.7	412 721.0
西　藏	231 478.2	10 966.3	205 571.6	3 478.6
陕　西	7 119 349.1	241 150.5	6 810 357.6	142 424.2
甘　肃	4 016 138.9	217 737.3	3 784 977.7	20 417.0
青　海	1 425 170.4	111 595.6	1 313 157.8	17 121.6
宁　夏	755 528.7	54 289.4	701 105.3	13 952.1
新　疆	2 608 465.7	25 589.3	2 579 366.3	85 661.9

（续）

地区	固定资产 原值 （万元）	固定资产 累计折旧 （万元）	固定资产 净值 （万元）	固定资产 清理 （万元）
全　　国	**215 742 202. 3**	**19 918 866. 9**	**195 823 335. 4**	**1 259 075. 1**
北　　京	8 328 741. 2	1 632 938. 0	6 695 803. 2	90 063. 1
天　　津	3 876 791. 3	535 363. 5	3 341 427. 8	20 637. 4
河　　北	9 329 848. 4	794 260. 1	8 535 588. 3	42 377. 7
山　　西	7 099 315. 7	126 455. 2	6 972 860. 5	25 069. 6
内　蒙　古	3 201 880. 4	57 095. 0	3 144 785. 4	13 534. 0
辽　　宁	3 119 529. 6	226 570. 6	2 892 959. 0	551. 0
吉　　林	1 455 711. 9	30 191. 7	1 425 520. 2	10 062. 1
黑　龙　江	2 157 818. 7	25 871. 4	2 131 947. 3	7 889. 3
上　　海	2 168 505. 5	515 872. 8	1 652 632. 7	24 218. 9
江　　苏	13 672 284. 9	906 414. 3	12 765 870. 6	42 629. 9
浙　　江	20 007 734. 3	1 254 572. 2	18 753 162. 1	1 951. 2
安　　徽	5 914 562. 6	131 963. 5	5 782 599. 0	32 113. 4
福　　建	5 374 215. 3	219 765. 1	5 154 450. 2	16 162. 1
江　　西	3 169 710. 1	56 796. 9	3 112 913. 2	14 686. 5
山　　东	17 257 940. 8	1 138 211. 7	16 119 729. 1	66 229. 0
河　　南	13 112 892. 9	396 497. 8	12 716 395. 0	81 334. 8
湖　　北	7 464 556. 9	206 548. 9	7 258 008. 0	70 283. 4
湖　　南	5 758 025. 5	97 359. 4	5 660 666. 1	35 835. 8
广　　东	34 507 264. 8	10 289 059. 4	24 218 205. 5	137 135. 2
广　　西	3 763 759. 2	197 538. 7	3 566 220. 5	19 895. 2
海　　南	256 637. 7	15 303. 7	241 334. 0	1 342. 5
重　　庆	3 244 959. 6	136 552. 1	3 108 407. 5	19 694. 7
四　　川	11 903 204. 9	247 906. 7	11 655 298. 2	88 013. 1
贵　　州	6 187 846. 2	88 745. 3	6 099 100. 9	114 903. 6
云　　南	9 016 314. 4	162 692. 1	8 853 622. 3	94 044. 4
西　　藏	229 246. 3	34 826. 2	194 420. 0	1 848. 5
陕　　西	6 634 415. 8	199 851. 1	6 434 564. 7	97 618. 6
甘　　肃	3 536 998. 8	137 515. 7	3 399 483. 1	64 384. 8
青　　海	987 962. 3	15 235. 1	972 727. 2	1 069. 2
宁　　夏	548 429. 4	2 455. 0	545 974. 3	607. 1
新　　疆	2 455 096. 9	38 437. 5	2 416 659. 4	22 888. 7

（续）

地区	在建工程 （万元）	其他资产 （万元）	资产总计 （万元）	流动负债 合计 （万元）
全　国	56 486 938.2	7 922 359.4	506 700 424.1	149 275 074.5
北　京	1 786 713.5	650 677.8	41 890 212.8	18 327 449.1
天　津	1 343 191.6	179 896.4	13 064 842.1	7 617 631.3
河　北	1 296 991.3	59 429.0	16 790 916.2	3 746 190.8
山　西	4 301 344.0	51 392.8	20 062 032.6	9 914 573.9
内蒙古	949 198.6	42 361.8	6 499 954.0	1 996 432.4
辽　宁	791 830.1	150 207.0	8 651 233.6	2 812 657.3
吉　林	263 908.4	22 422.0	4 279 044.2	1 478 655.7
黑龙江	184 231.9	61 626.6	5 194 490.0	1 285 893.3
上　海	312 695.9	43 005.2	13 193 514.1	4 304 448.4
江　苏	2 071 048.8	348 250.7	36 634 194.7	11 876 523.8
浙　江	17 340 093.6	678 988.6	65 655 009.1	18 279 113.4
安　徽	247 931.6	33 405.7	8 574 606.4	974 873.0
福　建	2 468 999.8	58 655.5	14 025 872.5	4 899 608.3
江　西	643 171.7	82 585.2	7 559 452.2	1 992 351.3
山　东	11 653 879.1	833 908.6	53 114 246.1	20 879 548.8
河　南	783 266.1	167 630.1	19 391 940.8	3 459 415.1
湖　北	1 154 577.4	122 580.9	14 739 103.8	1 816 085.6
湖　南	787 200.6	78 271.7	10 501 937.8	2 111 907.4
广　东	4 917 987.8	3 182 395.6	73 362 956.3	24 058 574.8
广　西	201 126.0	29 204.9	5 351 766.6	284 250.7
海　南	18 490.9	5 276.4	728 549.5	72 754.4
重　庆	169 130.5	23 247.3	4 590 625.2	614 851.2
四　川	496 013.2	738 887.7	17 302 802.0	1 990 828.8
贵　州	212 552.2	67 885.0	9 368 619.4	537 167.2
云　南	849 073.0	109 900.5	14 364 962.1	1 275 504.2
西　藏	9 303.0	14 940.3	444 642.2	81 899.2
陕　西	278 174.2	67 841.1	9 181 370.4	670 036.2
甘　肃	321 109.8	13 423.9	5 302 053.0	681 060.2
青　海	339 361.4	417.0	1 766 601.6	285 029.4
宁　夏	154 523.9	134.0	1 044 008.5	165 134.1
新　疆	139 818.2	3 510.1	4 068 864.3	784 625.4

（续）

地区	短期借款 （万元）	应付款项 （万元）	应付工资 （万元）	应付福利费 （万元）
全 国	**11 571 723.5**	**135 167 279.3**	**1 339 475.4**	**1 196 596.3**
北 京	245 534.5	18 016 894.8	65 019.8	0.0
天 津	259 671.9	7 320 797.4	25 364.4	11 797.6
河 北	347 936.2	3 242 973.6	58 109.0	97 172.0
山 西	452 721.5	9 584 777.6	58 846.3	−181 771.5
内 蒙 古	156 028.4	1 880 760.6	16 541.3	−56 897.9
辽 宁	676 633.9	2 099 142.2	49 470.7	−12 589.5
吉 林	119 354.6	1 351 330.0	5 815.7	2 155.4
黑 龙 江	136 571.0	1 132 580.3	14 935.9	1 806.2
上 海	57 689.9	4 236 189.5	2 742.0	7 827.1
江 苏	1 137 636.3	10 512 467.7	156 436.4	69 983.4
浙 江	2 339 892.9	15 432 666.9	41 685.5	464 868.0
安 徽	109 717.6	852 310.7	5 717.0	7 127.7
福 建	121 772.7	4 716 392.1	34 880.6	26 562.9
江 西	95 993.6	1 876 889.9	16 065.1	3 402.8
山 东	2 788 686.0	17 528 099.1	304 495.8	258 267.9
河 南	392 495.8	2 915 328.2	59 613.3	91 977.8
湖 北	267 697.1	1 514 354.6	21 953.4	12 080.6
湖 南	218 170.3	1 855 751.4	23 743.3	14 242.4
广 东	1 076 982.5	22 488 793.1	235 380.0	257 419.2
广 西	11 986.1	269 157.1	1 805.9	1 301.6
海 南	2 121.8	68 489.7	2 377.2	−234.2
重 庆	22 762.9	584 513.2	1 312.3	6 262.7
四 川	187 709.8	1 770 934.6	15 405.8	16 778.6
贵 州	50 306.2	394 724.4	84 649.8	7 486.8
云 南	72 510.8	1 179 742.3	5 647.4	17 603.7
西 藏	17 159.4	64 523.1	91.7	124.7
陕 西	112 580.8	534 621.8	18 762.6	4 070.9
甘 肃	25 147.1	654 011.7	6 510.3	−4 608.9
青 海	3 026.7	268 106.5	1 611.5	12 284.7
宁 夏	26 262.4	137 903.9	246.7	721.1
新 疆	38 962.8	682 051.1	4 238.7	59 372.7

（续）

地区	长期负债合计（万元）	长期借款及应付款（万元）	一事一议资金（万元）	所有者权益合计（万元）
全　国	30 678 816.4	28 835 608.6	1 843 207.8	326 746 533.2
北　京	4 833 201.5	4 829 292.7	3 908.8	18 729 562.2
天　津	306 475.0	306 434.1	41.0	5 140 735.8
河　北	386 005.7	321 483.5	64 522.2	12 658 719.7
山　西	571 993.0	491 978.2	80 014.9	9 575 465.7
内蒙古	61 644.5	54 036.4	7 608.1	4 441 877.0
辽　宁	294 784.5	261 275.4	33 509.1	5 543 791.9
吉　林	167 782.4	155 979.5	11 802.9	2 632 606.0
黑龙江	268 653.0	265 659.9	2 993.1	3 639 943.7
上　海	2 448 196.7	2 448 196.7	0.0	6 440 869.0
江　苏	866 886.3	817 767.0	49 119.3	23 890 784.6
浙　江	9 055 687.2	8 476 428.2	579 259.0	38 320 208.5
安　徽	455 096.1	411 885.0	43 211.1	7 144 637.3
福　建	786 328.7	641 160.9	145 167.8	8 339 935.5
江　西	376 654.2	355 975.6	20 678.6	5 190 446.7
山　东	1 463 776.4	1 389 397.9	74 378.5	30 770 920.9
河　南	1 197 048.1	1 179 995.8	17 052.3	14 735 477.6
湖　北	739 584.4	698 817.7	40 766.7	12 183 433.8
湖　南	618 582.4	585 328.1	33 254.4	7 771 448.0
广　东	3 300 442.1	3 204 326.4	96 115.7	46 003 939.4
广　西	180 932.2	157 571.5	23 360.8	4 886 583.7
海　南	11 677.6	4 179.5	7 498.1	644 117.5
重　庆	196 475.7	150 869.0	45 606.7	3 779 298.3
四　川	862 751.3	646 207.6	216 543.7	14 449 221.9
贵　州	241 791.0	171 033.3	70 757.7	8 589 661.2
云　南	234 571.8	211 216.0	23 355.8	12 854 886.1
西　藏	115 979.0	115 294.0	685.0	246 764.0
陕　西	264 882.6	239 119.4	25 763.2	8 246 451.6
甘　肃	100 665.5	92 601.8	8 063.7	4 520 327.3
青　海	194 476.0	101 698.2	92 777.8	1 287 096.3
宁　夏	21 646.3	15 048.9	6 597.4	857 228.1
新　疆	54 145.1	35 350.7	18 794.4	3 230 093.8

（续）

地区	资本 （万元）	公积公益金 （万元）	未分配收益 （万元）	负债及 所有者 权益合计 （万元）
全　国	67 113 376.2	246 205 198.5	13 427 958.4	506 700 424.1
北　京	2 324 227.6	18 536 003.4	−2 130 668.8	41 890 212.8
天　津	1 273 278.5	4 380 500.6	−513 043.4	13 064 842.1
河　北	1 578 757.5	10 422 804.1	657 158.1	16 790 916.2
山　西	1 556 943.2	7 954 146.7	64 375.8	20 062 032.6
内蒙古	954 187.6	3 354 113.2	133 576.2	6 499 954.0
辽　宁	825 454.4	5 159 225.7	−440 888.2	8 651 233.6
吉　林	424 229.7	2 206 371.1	2 005.3	4 279 044.2
黑龙江	669 439.7	2 928 009.5	42 494.5	5 194 490.0
上　海	1 825 940.5	3 560 921.9	1 054 006.5	13 193 514.1
江　苏	3 031 508.1	20 222 510.0	636 766.5	36 634 194.7
浙　江	3 996 225.7	33 170 286.5	1 153 696.3	65 655 009.1
安　徽	1 752 198.0	4 303 805.0	1 088 634.3	8 574 606.4
福　建	810 747.2	7 113 913.9	415 274.4	14 025 872.5
江　西	1 126 161.6	3 435 336.8	628 948.4	7 559 452.2
山　东	3 574 235.4	26 348 369.1	848 316.4	53 114 246.1
河　南	4 048 833.3	9 457 250.5	1 229 393.8	19 391 940.8
湖　北	2 036 400.2	9 688 237.9	458 795.7	14 739 103.8
湖　南	1 404 749.7	5 251 430.1	1 115 268.2	10 501 937.8
广　东	11 241 335.9	32 489 708.3	2 272 895.2	73 362 956.3
广　西	2 081 920.7	2 448 314.9	356 348.2	5 351 766.6
海　南	235 586.6	187 965.4	220 565.4	728 549.5
重　庆	1 059 381.8	2 407 319.5	312 597.0	4 590 625.2
四　川	4 481 935.7	9 147 977.9	819 308.3	17 302 802.0
贵　州	5 839 257.8	2 276 964.9	473 438.4	9 368 619.4
云　南	3 416 938.5	8 533 984.7	903 962.9	14 364 962.1
西　藏	17 546.7	139 567.0	89 650.3	444 642.2
陕　西	2 917 320.5	4 291 843.4	1 037 287.8	9 181 370.4
甘　肃	1 246 122.3	3 091 206.8	182 998.2	5 302 053.0
青　海	186 576.2	1 049 991.6	50 528.6	1 766 601.6
宁　夏	271 655.8	519 310.8	66 261.5	1 044 008.5
新　疆	904 279.8	2 127 807.3	198 006.8	4 068 864.3

（续）

地区	经营性资产总额（万元）	经营性固定资产合计（万元）	负债合计（万元）
全　国	**145 612 487.4**	**48 771 069.4**	**179 953 890.9**
北　京	1 855 744.1	323 670.2	23 160 650.6
天　津	4 867 036.0	1 464 427.0	7 924 106.3
河　北	2 336 639.4	1 104 815.6	4 132 196.5
山　西	1 788 083.5	523 732.1	10 486 566.9
内蒙古	1 123 710.9	369 440.1	2 058 076.9
辽　宁	701 007.3	315 910.9	3 107 441.8
吉　林	340 244.2	106 145.4	1 646 438.2
黑龙江	1 467 453.9	407 872.8	1 554 546.3
上　海	5 567 400.0	1 629 179.9	6 752 645.1
江　苏	14 907 540.9	5 109 779.5	12 743 410.1
浙　江	24 816 122.8	7 503 695.1	27 334 800.6
安　徽	1 456 793.1	859 132.9	1 429 969.1
福　建	2 201 438.7	104 923.2	5 685 937.0
江　西	1 673 982.4	761 769.2	2 369 005.5
山　东	14 021 697.9	5 438 883.5	22 343 325.2
河　南	4 198 783.8	2 758 072.9	4 656 463.2
湖　北	2 448 545.5	903 552.2	2 555 670.0
湖　南	1 637 034.4	1 129 141.1	2 730 489.8
广　东	47 890 199.0	12 996 151.8	27 359 016.9
广　西	1 001 503.5	320 656.6	465 182.9
海　南	53 628.7	7 694.4	84 432.0
重　庆	356 365.5	190 159.9	811 326.9
四　川	3 057 490.7	1 444 364.6	2 853 580.1
贵　州	882 177.2	317 201.5	778 958.2
云　南	1 849 756.3	1 251 477.6	1 510 076.0
西　藏	146 823.8	105 655.7	197 878.2
陕　西	1 433 690.5	759 231.3	934 918.8
甘　肃	340 287.6	143 053.5	781 725.7
青　海	493 893.7	156 934.1	479 505.3
宁　夏	358 117.0	141 286.2	186 780.4
新　疆	339 295.2	123 058.7	838 770.5

（续）

地区	经营性负债（万元）	兴办公益事业负债（万元）	义务教育负债（万元）	道路建设负债（万元）
全　国	23 005 804.2	12 432 135.8	353 751.4	4 466 069.5
北　京	3 913 353.7	1 864.9	0.0	1 034.2
天　津	703 233.8	37 303.2	986.3	19 565.5
河　北	32 106.3	150 593.4	3 618.0	84 621.4
山　西	600 112.2	408 008.6	15 655.6	147 964.0
内蒙古	330 099.0	916 560.7	7 974.6	195 918.7
辽　宁	119 239.1	181 108.0	14 711.2	91 335.4
吉　林	113 483.5	204 463.6	4 848.5	113 277.4
黑龙江	72 916.6	701 781.0	58 759.6	382 157.3
上　海	904 877.8	22 355.1	0.0	486.0
江　苏	2 077 180.2	1 172 100.6	13 497.9	362 738.4
浙　江	3 080 759.6	2 234 569.9	7 499.9	670 803.7
安　徽	72 119.2	312 092.5	11 137.2	104 987.4
福　建	76 929.0	284 147.1	2 855.1	123 503.3
江　西	56 447.1	208 750.5	10 157.8	80 710.3
山　东	2 996 670.7	1 183 387.1	22 697.7	509 131.0
河　南	117 468.4	295 860.2	47 729.0	74 392.2
湖　北	196 890.6	737 765.5	58 397.7	379 124.8
湖　南	180 781.6	554 735.2	21 186.1	242 040.9
广　东	6 871 756.3	1 548 236.6	17 907.7	123 632.4
广　西	12 881.5	11 856.5	1 827.6	1 394.1
海　南	21.0	4 838.3	20.5	4 171.4
重　庆	2 554.5	94 466.8	564.6	70 979.0
四　川	80 179.9	701 914.2	21 833.8	536 352.3
贵　州	32 363.1	27 063.8	1 585.2	9 033.2
云　南	54 781.3	119 925.2	3 785.9	55 475.1
西　藏	89 773.2	0.0	0.0	0.0
陕　西	78 172.2	95 827.4	2 791.9	45 844.6
甘　肃	22 017.8	122 841.8	110.9	4 392.5
青　海	17 831.0	795.5	0.0	0.0
宁　夏	28 490.3	16 523.4	0.0	7 422.4
新　疆	70 313.7	80 399.1	1 611.2	23 580.8

（续）

地区	兴修水电设施负债（万元）	卫生文化设施负债（万元）	当年新增负债（万元）
全　国	1 092 410.8	1 116 294.0	5 594 349.1
北　京	94.9	694.8	5 377.0
天　津	6 740.6	4 646.4	86 862.9
河　北	12 678.3	11 400.1	28 795.4
山　西	44 488.4	52 276.8	42 560.6
内蒙古	68 594.8	64 417.9	8 514.9
辽　宁	21 778.3	17 521.3	24 920.1
吉　林	18 902.9	21 332.9	11 021.4
黑龙江	89 841.4	81 201.3	−82 335.9
上　海	138.6	486.8	96 051.7
江　苏	52 245.3	60 977.8	1 175 563.5
浙　江	210 937.3	349 749.6	1 376 191.2
安　徽	39 584.5	20 755.9	32 215.0
福　建	22 306.0	28 258.9	116 302.3
江　西	12 636.0	17 406.2	16 502.0
山　东	124 132.7	90 448.8	568 395.7
河　南	28 947.3	19 298.7	25 812.3
湖　北	129 874.4	80 519.6	185 358.5
湖　南	84 206.9	63 997.9	131 505.0
广　东	17 972.6	53 963.9	1 611 430.9
广　西	909.5	822.7	−79.8
海　南	72.5	18.5	16.4
重　庆	6 142.8	1 224.0	40 013.8
四　川	50 309.4	22 329.2	29 907.2
贵　州	1 397.1	2 218.3	1 396.9
云　南	8 600.8	21 804.0	30 296.0
西　藏	0.0	0.0	5.8
陕　西	11 008.4	13 448.7	1 935.7
甘　肃	1 529.1	4 316.2	10 120.7
青　海	0.0	0.0	1 210.7
宁　夏	4 272.7	2 705.9	3 886.6
新　疆	22 067.4	8 051.1	14 594.7

表 5 农村集体产权制度改革情况统计表

指标名称	代码	计量单位	合计数	组级	村级	镇级
一、完成产权制度改革单位数	1	个	594 604	225 642	368 582	380
1. 在农业农村部门登记赋码的单位数	2	个	451 921	115 803	335 861	257
2. 在市场监督管理部门登记的单位数	3	个	12 668	2 513	10 029	126
其中：登记为农民专业合作社的单位数	4	个	5 223	1 219	3 747	257
3. 其他	5	个	129 991	107 336	22 600	55
二、改革时点量化资产总额	6	万元	193 894 697	22 730 899.3	164 678 018.5	6 485 779.1
其中：量化经营性资产总额	7	万元	108 830 585	13 152 419.4	89 973 845.5	5 704 320.0
三、股东总数	8	个	710 317 603	37 548 719.0	666 456 672.0	6 312 212.0
其中：成员股东数	9	个	606 291 749	36 773 899.0	563 589 144.0	5 928 706.0
集体股东数	10	个	4 708 041	140 460.0	4 531 207.0	36 374.0
四、股本总额	11	万元	156 102 777	22 380 830.9	129 280 490.5	4 441 456.0
其中：成员股本金额	12	万元	119 816 322	14 885 078.1	101 882 404.1	3 048 839.3
集体股本金额	13	万元	24 540 139	3 085 738.8	20 120 653.4	1 333 747.0

（续）

指标名称	代码	计量单位	合计数	组级	村级	镇级
五、本年股金分红总额	14	万元	5 711 782	2 130 746.0	3 507 830.5	73 205.1
六、累计股金分红总额	15	万元	34 200 218	9 383 294.3	24 276 154.0	540 769.3
其中：成员股东分红金额	16	万元	25 598 180	7 584 941.3	17 591 021.8	422 217.1
集体股东分红金额	17	万元	7 106 921	1 632 936.2	5 379 036.3	94 948.7
七、年末资产总额	18	万元	397 872 955	33 429 954.3	343 747 569.0	20 695 431.4
其中：经营性资产总额	19	万元	159 616 167	14 905 421.4	130 164 631.5	14 546 114.3
八、公益性支出总额	20	万元	7 179 740	167 851.0	6 962 067.1	49 822.1
1.公益性基础设施建设投入金额	21	万元	4 346 866	131 768.5	4 169 483.4	45 614.2
2.支付的公共服务费用	22	万元	2 832 874	36 082.5	2 792 583.6	4 207.9
九、上缴税费总额	23	万元	872 023	131 782.7	584 693.3	155 547.4
其中：代缴红利税总额	24	万元	33 661	708.0	26 390.3	6 563.0

表 5-1 各地区农村集体产权制度改革情况统计表

地区	完成产权制度改革单位数（个）			
	合计数	组级	村级	镇级
全　　国	594 604	225 642	368 582	380
北　　京	3 952	0	3 925	27
天　　津	2 797	0	2 797	0
河　　北	42 567	60	42 504	3
山　　西	28 837	11 289	17 535	13
内蒙古	5 563	197	5 366	0
辽　　宁	9 946	181	9 765	0
吉　　林	410	49	359	2
黑龙江	9 994	1	9 993	0
上　　海	1 729	0	1 617	112
江　　苏	17 098	1 246	15 836	16
浙　　江	24 371	0	24 371	0
安　　徽	15 862	2	15 860	0
福　　建	13 236	268	12 964	4
江　　西	3 589	428	3 160	1
山　　东	84 434	1 997	82 437	0
河　　南	45 108	153	44 934	21
湖　　北	8 912	105	8 807	0
湖　　南	23 810	5 181	18 582	47
广　　东	28 230	25 255	2 975	0
广　　西	29 567	26 580	2 987	0
海　　南	4 074	3 520	541	13
重　　庆	40 159	34 390	5 769	0
四　　川	92 186	81 993	10 193	0
贵　　州	11 608	9 152	2 343	113
云　　南	20 881	18 927	1 954	0
西　　藏	74	21	53	0
陕　　西	19 401	3 122	16 274	5
甘　　肃	2 280	1 469	811	0
青　　海	1 614	0	1 613	1
宁　　夏	1 725	0	1 723	2
新　　疆	590	56	534	0

（续）

地区	在农业农村部门登记赋码的单位数（个）			
	合计数	组级	村级	镇级
全　国	**451 921**	**115 803**	**335 861**	**257**
北　京	3 763	0	3 743	20
天　津	2 796	0	2 796	0
河　北	41 960	59	41 898	3
山　西	14 927	3 085	11 841	1
内　蒙古	4 066	158	3 908	0
辽　宁	9 810	45	9 765	0
吉　林	385	31	352	2
黑龙江	8 684	1	8 683	0
上　海	1 649	0	1 555	94
江　苏	10 657	4	10 637	16
浙　江	22 122	0	22 122	0
安　徽	15 391	2	15 389	0
福　建	13 141	268	12 870	3
江　西	2 432	263	2 168	1
山　东	82 891	1 948	80 943	0
河　南	44 163	54	44 089	20
湖　北	5 308	92	5 216	0
湖　南	18 340	365	17 943	32
广　东	22 755	20 340	2 415	0
广　西	28 893	25 955	2 938	0
海　南	3 342	2 936	400	6
重　庆	13 627	8 702	4 925	0
四　川	31 492	26 464	5 028	0
贵　州	7 321	5 136	2 133	52
云　南	18 460	16 741	1 719	0
西　藏	47	16	31	0
陕　西	19 205	3 122	16 078	5
甘　肃	567	9	558	0
青　海	1 613	0	1 613	0
宁　夏	1 714	0	1 712	2
新　疆	400	7	393	0

（续）

地区	在市场监督管理部门登记的单位数（个）			
	合计数	组级	村级	镇级
全 国	**12 668**	**2 513**	**10 029**	**126**
北 京	189	0	182	7
天 津	0	0	0	0
河 北	161	1	160	0
山 西	1 795	1 292	503	0
内 蒙 古	0	0	0	0
辽 宁	0	0	0	0
吉 林	0	0	0	0
黑 龙 江	0	0	0	0
上 海	0	0	0	0
江 苏	3 732	133	3 599	0
浙 江	2 146	0	2 146	0
安 徽	141	0	141	0
福 建	67	0	67	0
江 西	37	15	22	0
山 东	877	49	828	0
河 南	180	99	81	0
湖 北	112	0	112	0
湖 南	342	120	222	0
广 东	112	63	49	0
广 西	34	0	34	0
海 南	289	200	31	58
重 庆	28	7	21	0
四 川	1 359	30	1 329	0
贵 州	724	478	185	61
云 南	112	21	91	0
西 藏	27	5	22	0
陕 西	189	0	189	0
甘 肃	4	0	4	0
青 海	0	0	0	0
宁 夏	11	0	11	0
新 疆	0	0	0	0

（续）

地区	在市场监督管理部门登记为农民专业合作社的单位数（个）			
	合计数	组级	村级	镇级
全 国	**5 223**	**1 219**	**3 747**	**257**
北 京	0	0	0	0
天 津	0	0	0	0
河 北	127	0	127	0
山 西	1 408	707	701	0
内 蒙 古	0	0	0	0
辽 宁	53	0	53	0
吉 林	29	0	29	0
黑 龙 江	0	0	0	0
上 海	0	0	0	0
江 苏	1 074	19	1 055	0
浙 江	0	0	0	0
安 徽	14	0	14	0
福 建	36	0	36	0
江 西	108	14	93	1
山 东	313	0	313	0
河 南	77	0	77	0
湖 北	3	0	3	0
湖 南	716	62	625	29
广 东	62	62	0	0
广 西	43	0	43	0
海 南	67	6	25	36
重 庆	12	3	9	0
四 川	199	18	181	0
贵 州	656	303	162	191
云 南	19	15	4	0
西 藏	42	10	32	0
陕 西	163	0	163	0
甘 肃	1	0	1	0
青 海	0	0	0	0
宁 夏	1	0	1	0
新 疆	0	0	0	0

（续）

地区	其他完成产权制度改革单位数（个）			
	合计数	组级	村级	镇级
全　　国	**129 991**	**107 336**	**22 600**	**55**
北　　京	0	0	0	0
天　　津	1	0	1	0
河　　北	446	0	446	0
山　　西	12 101	6 912	5 177	12
内　蒙　古	1 497	39	1 458	0
辽　　宁	136	136	0	0
吉　　林	25	18	7	0
黑　龙　江	1 310	0	1 310	0
上　　海	80	0	62	18
江　　苏	2 709	1 109	1 600	0
浙　　江	103	0	103	0
安　　徽	330	0	330	0
福　　建	28	0	27	1
江　　西	1 120	150	970	0
山　　东	666	0	666	0
河　　南	765	0	764	1
湖　　北	3 492	13	3 479	0
湖　　南	5 128	4 696	417	15
广　　东	5 363	4 852	511	0
广　　西	640	624	16	0
海　　南	433	395	31	7
重　　庆	26 504	25 681	823	0
四　　川	59 335	55 499	3 836	0
贵　　州	3 563	3 538	25	0
云　　南	2 309	2 165	144	0
西　　藏	0	0	0	0
陕　　西	7	0	7	0
甘　　肃	1 709	1 460	249	0
青　　海	1	0	0	1
宁　　夏	0	0	0	0
新　　疆	190	49	141	0

（续）

地区	改革时点量化资产总额（万元）			
	合计数	组级	村级	镇级
全　国	**193 894 696.9**	**22 730 899.3**	**164 678 018.5**	**6 485 779.1**
北　京	9 501 297.0	0.0	8 874 307.7	626 989.2
天　津	3 851 971.4	0.0	3 851 971.4	0.0
河　北	8 960 822.6	90 258.4	8 681 026.8	189 537.4
山　西	9 172 962.3	281 948.5	8 890 713.8	300.0
内蒙古	425 339.9	3 309.3	422 030.6	0.0
辽　宁	3 415 731.8	15 459.4	3 400 257.5	14.9
吉　林	354 067.0	67 559.0	283 503.2	3 004.8
黑龙江	2 537 219.3	15 290.0	2 521 929.3	0.0
上　海	9 942 067.9	0.0	4 635 225.4	5 306 842.5
江　苏	13 312 867.3	233 989.5	13 003 316.5	75 561.2
浙　江	13 471 821.5	0.0	13 471 821.5	0.0
安　徽	3 048 678.3	75.1	3 048 603.2	0.0
福　建	7 652 174.1	10 945.7	7 641 228.4	0.0
江　西	1 019 656.5	79 663.7	898 359.8	41 633.0
山　东	29 956 497.0	178 255.6	29 778 241.4	0.0
河　南	9 201 386.0	535 651.9	8 620 367.2	45 366.9
湖　北	5 218 559.9	40 401.4	5 178 158.5	0.0
湖　南	4 254 989.4	166 432.7	4 064 681.2	23 875.5
广　东	33 020 629.1	13 059 881.9	19 960 747.2	0.0
广　西	1 209 972.8	298 741.2	911 231.6	0.0
海　南	26 181.2	7 596.8	16 975.6	1 608.8
重　庆	2 326 418.9	1 120 172.6	1 206 246.3	0.0
四　川	5 495 727.4	2 465 158.8	3 030 568.6	0.0
贵　州	4 875 866.4	563 573.4	4 141 574.3	170 718.6
云　南	4 192 712.3	3 030 125.0	1 162 587.3	0.0
西　藏	1 629.5	149.8	1 479.7	0.0
陕　西	6 134 273.2	448 737.2	5 685 409.8	126.2
甘　肃	321 121.5	309.5	320 812.0	0.0
青　海	185 150.9	0.0	185 150.9	0.0
宁　夏	482 164.9	0.0	481 964.9	200.0
新　疆	324 739.7	17 212.7	307 527.0	0.0

（续）

地区	量化经营性资产总额（万元）			
	合计数	组级	村级	镇级
全　国	**108 830 584. 9**	**13 152 419. 4**	**89 973 845. 5**	**5 704 320. 0**
北　京	6 049 494. 1	0. 0	5 422 504. 9	626 989. 2
天　津	1 823 910. 7	0. 0	1 823 910. 7	0. 0
河　北	3 695 241. 7	55 905. 2	3 587 791. 8	51 544. 6
山　西	2 924 922. 4	71 980. 9	2 852 891. 5	50. 0
内蒙古	323 757. 6	1 660. 6	322 097. 0	0. 0
辽　宁	1 599 862. 7	12 758. 1	1 587 089. 7	14. 9
吉　林	76 082. 1	8 454. 5	67 627. 5	0. 0
黑龙江	1 500 169. 2	0. 0	1 500 169. 2	0. 0
上　海	8 159 100. 6	0. 0	3 264 150. 8	4 894 949. 8
江　苏	9 022 994. 2	171 054. 4	8 779 396. 7	72 543. 1
浙　江	8 468 965. 0	0. 0	8 468 965. 0	0. 0
安　徽	2 104 380. 8	75. 1	2 104 305. 7	0. 0
福　建	2 657 059. 6	6 760. 1	2 650 299. 5	0. 0
江　西	371 719. 0	42 759. 8	297 380. 0	31 579. 2
山　东	14 315 248. 4	80 076. 7	14 235 171. 7	0. 0
河　南	6 238 589. 1	272 454. 8	5 957 563. 1	8 571. 2
湖　北	5 218 559. 9	40 401. 4	5 178 158. 5	0. 0
湖　南	1 066 269. 8	47 609. 6	1 012 487. 6	6 172. 6
广　东	22 835 080. 3	9 601 543. 7	13 233 536. 6	0. 0
广　西	797 544. 9	271 041. 7	526 503. 2	0. 0
海　南	2 620. 6	1 699. 8	530. 5	390. 4
重　庆	991 579. 8	470 646. 6	520 933. 2	0. 0
四　川	1 369 068. 5	380 873. 1	988 195. 4	0. 0
贵　州	2 342 726. 2	153 509. 3	2 177 919. 1	11 297. 9
云　南	1 729 843. 6	1 304 886. 7	424 956. 9	0. 0
西　藏	1 382. 0	149. 8	1 232. 2	0. 0
陕　西	2 355 211. 9	153 635. 9	2 201 559. 1	17. 0
甘　肃	108 687. 6	129. 0	108 558. 6	0. 0
青　海	167 919. 1	0. 0	167 919. 1	0. 0
宁　夏	340 986. 2	0. 0	340 786. 2	200. 0
新　疆	171 607. 3	2 352. 7	169 254. 6	0. 0

（续）

地区	股东总数（个）			
	合计数	组级	村级	镇级
全 国	**710 317 603**	**37 548 719**	**666 456 672**	**6 312 212**
北 京	3 421 711	0	3 390 093	31 618
天 津	1 192 104	0	1 192 104	0
河 北	40 968 566	340 883	39 643 686	983 997
山 西	97 633 271	1 141 772	96 491 479	20
内蒙古	5 685 908	39 234	5 646 674	0
辽 宁	18 136 272	104 474	18 020 662	11 136
吉 林	574 015	519 553	54 462	0
黑龙江	17 902 460	5 001	17 897 459	0
上 海	8 775 086	0	5 321 226	3 453 860
江 苏	50 564 504	213 338	50 125 517	225 649
浙 江	37 811 399	0	37 811 399	0
安 徽	56 269 977	2 272	56 267 705	0
福 建	31 966 739	12 292	31 954 447	0
江 西	14 077 360	3 350 356	10 727 004	0
山 东	75 517 070	1 431 255	74 085 815	0
河 南	83 513 935	292 127	83 099 501	122 307
湖 北	11 471 204	22 091	11 449 113	0
湖 南	19 315 450	349 021	18 777 870	188 559
广 东	9 402 139	5 379 671	4 022 468	0
广 西	17 137 210	485 907	16 651 303	0
海 南	307 133	139 132	168 000	1
重 庆	21 463 216	6 811 455	14 651 761	0
四 川	32 923 342	10 756 557	22 166 785	0
贵 州	22 593 160	929 756	20 385 463	1 277 941
云 南	5 232 656	4 090 462	1 142 194	0
西 藏	3 481	1 008	2 463	10
陕 西	21 909 215	1 101 924	20 790 798	16 493
甘 肃	814 979	409	814 570	0
青 海	1 618 657	0	1 618 047	610
宁 夏	1 362 322	0	1 362 311	11
新 疆	753 062	28 769	724 293	0

（续）

地区	成员股东数（个）			
	合计数	组级	村级	镇级
全 国	**606 291 749**	**36 773 899**	**563 589 144**	**5 928 706**
北 京	3 357 048	0	3 332 274	24 774
天 津	1 182 141	0	1 182 141	0
河 北	37 406 579	290 552	36 435 103	680 924
山 西	14 460 769	1 099 202	13 361 557	10
内 蒙 古	5 681 006	37 124	5 643 882	0
辽 宁	17 423 332	88 127	17 324 071	11 134
吉 林	573 386	519 158	54 228	0
黑 龙 江	17 815 516	5 000	17 810 516	0
上 海	8 762 789	0	5 309 133	3 453 656
江 苏	46 849 782	211 427	46 417 029	221 326
浙 江	37 522 791	0	37 522 791	0
安 徽	53 157 971	2 271	53 155 700	0
福 建	29 681 924	11 409	29 670 515	0
江 西	13 982 333	3 347 359	10 634 974	0
山 东	75 504 079	1 430 004	74 074 075	0
河 南	83 440 995	292 053	83 028 459	120 483
湖 北	11 464 890	22 030	11 442 860	0
湖 南	17 516 687	275 050	17 058 441	183 196
广 东	8 798 788	5 122 585	3 676 203	0
广 西	16 876 050	348 819	16 527 231	0
海 南	289 308	138 822	150 486	0
重 庆	21 389 253	6 791 356	14 597 897	0
四 川	32 897 959	10 749 067	22 148 892	0
贵 州	19 746 878	902 505	17 611 790	1 232 583
云 南	5 144 663	4 008 588	1 136 075	0
西 藏	2 952	989	1 963	0
陕 西	20 914 373	1 051 232	19 863 141	0
甘 肃	787 521	408	787 113	0
青 海	1 545 484	0	1 544 875	609
宁 夏	1 361 624	0	1 361 613	11
新 疆	752 878	28 762	724 116	0

（续）

地区	集体股东数（个）			
	合计数	组级	村级	镇级
全 国	**4 708 041**	**140 460**	**4 531 207**	**36 374**
北 京	3 685	0	3 362	323
天 津	258	0	258	0
河 北	674 600	16 315	658 285	0
山 西	223 114	15 369	207 740	5
内蒙古	2 882	90	2 792	0
辽 宁	9 538	2	9 534	2
吉 林	629	395	234	0
黑龙江	9 982	1	9 981	0
上 海	681	0	480	201
江 苏	1 248 430	813	1 243 564	4 053
浙 江	4 999	0	4 999	0
安 徽	6 566	1	6 565	0
福 建	11 412	268	11 144	0
江 西	5 027	2 997	2 030	0
山 东	12 991	1 251	11 740	0
河 南	72 940	74	71 042	1 824
湖 北	6 314	61	6 253	0
湖 南	180 427	0	180 399	28
广 东	130 034	38 096	91 938	0
广 西	47 300	0	47 300	0
海 南	13 410	310	13 099	1
重 庆	13 471	8 230	5 241	0
四 川	25 383	7 490	17 893	0
贵 州	1 865 278	19 184	1 816 171	29 923
云 南	35 469	29 379	6 090	0
西 藏	518	10	498	10
陕 西	5 896	117	5 776	3
甘 肃	22 765	0	22 765	0
青 海	73 173	0	73 172	1
宁 夏	698	0	698	0
新 疆	171	7	164	0

（续）

地区	股本总额（万元）			
	合计数	组级	村级	镇级
全 国	**156 102 777.5**	**22 380 830.9**	**129 280 490.5**	**4 441 456.0**
北 京	9 374 901.6	0.0	8 735 496.4	639 405.2
天 津	3 759 464.4	0.0	3 759 464.4	0.0
河 北	3 793 886.1	67 292.3	3 658 559.5	68 034.4
山 西	6 684 451.7	169 000.1	6 514 951.6	500.0
内蒙古	425 339.9	3 309.3	422 030.6	0.0
辽 宁	3 557 508.0	10 550.0	3 546 943.1	14.9
吉 林	18 951.6	7 540.6	11 411.0	0.0
黑龙江	1 653 276.4	11 178.6	1 642 097.8	0.0
上 海	7 350 512.2	0.0	3 717 170.3	3 633 341.9
江 苏	9 662 313.8	214 927.6	9 389 664.4	57 721.9
浙 江	12 371 155.5	0.0	12 371 155.5	0.0
安 徽	2 974 210.2	142.1	2 974 068.1	0.0
福 建	3 556 028.3	5 158.5	3 550 869.8	0.0
江 西	655 985.9	14 158.7	641 827.2	0.0
山 东	24 460 892.2	169 021.3	24 291 870.9	0.0
河 南	8 440 736.7	482 322.4	7 949 460.8	8 953.5
湖 北	5 218 559.9	40 401.4	5 178 158.5	0.0
湖 南	950 524.4	37 885.4	901 281.2	11 357.8
广 东	35 427 246.2	15 192 594.5	20 234 651.7	0.0
广 西	612 626.3	171 309.8	441 316.5	0.0
海 南	2 316.0	1 663.9	652.1	0.0
重 庆	1 819 961.1	971 899.4	848 061.7	0.0
四 川	3 935 890.9	1 800 962.0	2 134 928.9	0.0
贵 州	1 989 871.3	416 344.7	1 557 479.2	16 047.4
云 南	2 680 753.1	2 250 357.6	430 395.5	0.0
西 藏	1 667.9	216.9	1 451.0	
陕 西	3 752 923.6	328 267.1	3 418 777.4	5 879.0
甘 肃	243 424.4	508.0	242 916.4	0.0
青 海	165 878.7	0.0	165 878.7	0.0
宁 夏	359 968.3	0.0	359 768.3	200.0
新 疆	201 550.8	13 818.7	187 732.1	0.0

（续）

地区	成员股本金额（万元）			
	合计数	组级	村级	镇级
全 国	**119 816 321.6**	**14 885 078.1**	**101 882 404.1**	**3 048 839.3**
北 京	6 317 353.9	0.0	6 052 865.8	264 488.2
天 津	3 715 985.6	0.0	3 715 985.6	0.0
河 北	3 054 821.4	56 614.8	2 942 807.2	55 399.4
山 西	6 039 029.6	156 773.5	5 882 056.0	200.0
内蒙古	381 452.2	2 385.3	379 067.0	0.0
辽 宁	2 535 044.1	10 105.9	2 524 927.8	10.4
吉 林	15 379.0	6 666.3	8 712.7	0.0
黑龙江	1 142 892.5	10 060.5	1 132 832.1	0.0
上 海	6 063 038.9	0.0	3 420 189.6	2 642 849.3
江 苏	7 560 614.3	186 496.9	7 316 639.2	57 478.2
浙 江	10 569 795.8	0.0	10 569 795.8	0.0
安 徽	2 430 494.6	122.0	2 430 372.6	0.0
福 建	2 824 012.8	4 221.9	2 819 790.9	0.0
江 西	598 499.1	12 838.1	585 661.0	0.0
山 东	22 251 398.9	165 995.7	22 085 403.2	0.0
河 南	8 021 099.0	442 994.3	7 570 446.4	7 658.3
湖 北	4 174 847.9	32 321.1	4 142 526.8	0.0
湖 南	829 587.7	35 703.2	786 203.8	7 680.8
广 东	18 858 079.8	8 886 892.8	9 971 187.0	0.0
广 西	555 274.3	156 734.5	398 539.7	0.0
海 南	1 758.4	1 663.9	94.5	0.0
重 庆	1 693 834.0	885 778.9	808 055.1	0.0
四 川	3 421 660.7	1 438 607.7	1 983 053.1	0.0
贵 州	1 503 292.8	303 119.0	1 192 784.6	7 389.1
云 南	2 148 537.2	1 884 061.6	264 475.6	0.0
西 藏	1 415.5	149.8	1 265.7	0.0
陕 西	2 327 133.9	191 502.4	2 130 115.9	5 515.6
甘 肃	205 089.8	130.2	204 959.6	0.0
青 海	138 298.5	0.0	138 298.5	0.0
宁 夏	286 148.4	0.0	285 978.4	170.0
新 疆	150 450.8	13 137.8	137 313.0	0.0

（续）

地区	集体股本金额（万元）			
	合计数	组级	村级	镇级
全　国	**24 540 139.2**	**3 085 738.8**	**20 120 653.4**	**1 333 747.0**
北　京	2 791 478.6	0.0	2 468 512.6	322 966.1
天　津	40 705.9	0.0	40 705.9	0.0
河　北	207 820.3	182.2	195 003.0	12 635.0
山　西	357 576.6	2 060.0	355 486.5	30.0
内蒙古	43 887.7	924.1	42 963.6	0.0
辽　宁	814 758.8	444.1	814 310.3	4.5
吉　林	3 518.5	874.2	2 644.3	0.0
黑龙江	456 700.2	1 118.2	455 582.0	0.0
上　海	1 239 867.1	0.0	249 374.5	990 492.6
江　苏	1 838 609.9	16 745.2	1 821 621.0	243.7
浙　江	798 171.5	0.0	798 171.5	0.0
安　徽	258 449.4	20.1	258 429.3	0.0
福　建	732 015.5	936.6	731 078.9	0.0
江　西	43 958.0	928.0	43 030.0	0.0
山　东	1 929 998.2	2 486.4	1 927 511.8	0.0
河　南	418 081.9	39 328.1	377 458.6	1 295.2
湖　北	1 043 712.0	8 080.3	1 035 631.7	0.0
湖　南	72 577.5	0.0	71 244.1	1 333.4
广　东	9 706 318.8	2 616 549.9	7 089 768.9	0.0
广　西	26 036.5	483.3	25 553.2	0.0
海　南	0.0	0.0	0.0	0.0
重　庆	94 214.0	58 987.5	35 226.5	0.0
四　川	64 843.3	24 152.0	40 691.3	0.0
贵　州	294 107.4	5 334.3	284 419.9	4 353.2
云　南	434 412.0	269 718.7	164 693.3	0.0
西　藏	38.4	7.1	31.3	0.0
陕　西	653 915.3	35 697.0	617 854.9	363.4
甘　肃	23 408.2	0.8	23 407.4	0.0
青　海	27 580.2	0.0	27 580.2	0.0
宁　夏	73 819.8	0.0	73 789.8	30.0
新　疆	49 557.9	680.8	48 877.1	0.0

（续）

地区	本年股金分红总额（万元）			
	合计数	组级	村级	镇级
全 国	**5 711 781.6**	**2 130 746.0**	**3 507 830.5**	**73 205.1**
北 京	577 971.1	0.0	536 780.6	41 190.5
天 津	34 392.6	0.0	34 392.6	0.0
河 北	23 159.2	44.7	23 114.5	0.0
山 西	15 308.0	1 016.2	14 291.8	0.0
内蒙古	740.5	0.0	740.5	0.0
辽 宁	3 265.5	0.0	3 265.5	0.0
吉 林	344.5	0.0	344.5	0.0
黑龙江	11 214.2	1 789.5	9 424.7	0.0
上 海	164 937.2	0.0	133 408.8	31 528.4
江 苏	276 549.0	13 719.2	262 829.9	0.0
浙 江	829 622.8	0.0	829 622.8	0.0
安 徽	9 592.3	0.0	9 592.3	0.0
福 建	46 329.0	399.3	45 929.7	0.0
江 西	4 727.5	54.8	4 672.7	0.0
山 东	162 572.5	8.0	162 564.5	0.0
河 南	45 803.0	20 392.1	25 410.9	0.0
湖 北	30 239.8	589.2	29 650.6	0.0
湖 南	28 720.8	5 693.2	22 893.7	133.8
广 东	3 237 162.7	1 956 934.1	1 280 228.6	0.0
广 西	7 839.6	1 820.8	6 018.8	0.0
海 南	1 542.1	492.0	1 050.1	0.0
重 庆	8 714.6	1 195.8	7 518.8	0.0
四 川	17 644.9	13 270.5	4 374.5	0.0
贵 州	10 746.1	1 454.1	9 045.3	246.7
云 南	106 174.9	104 463.3	1 711.6	0.0
西 藏	110.5	0.0	110.5	0.0
陕 西	46 115.9	7 369.6	38 640.5	105.8
甘 肃	4 100.9	39.7	4 061.2	0.0
青 海	61.4	0.0	61.4	0.0
宁 夏	3 489.5	0.0	3 489.5	0.0
新 疆	2 589.2	0.0	2 589.2	0.0

（续）

地区	累计股金分红总额（万元）			
	合计数	组级	村级	镇级
全 国	**34 200 217. 6**	**9 383 294. 3**	**24 276 154. 0**	**540 769. 3**
北 京	4 494 407. 8	0. 0	4 105 690. 0	388 717. 8
天 津	45 240. 3	0. 0	45 240. 3	0. 0
河 北	387 033. 4	139. 3	386 894. 0	0. 0
山 西	16 393. 7	1 726. 0	14 667. 8	0. 0
内 蒙 古	956. 9	0. 0	956. 9	0. 0
辽 宁	29 503. 0	0. 0	29 488. 1	14. 9
吉 林	258. 8	0. 0	258. 8	0. 0
黑 龙 江	29 380. 1	3 563. 0	25 817. 1	0. 0
上 海	672 894. 6	0. 0	521 751. 5	151 143. 2
江 苏	1 679 534. 9	66 362. 6	1 613 172. 3	0. 0
浙 江	5 429 221. 6	0. 0	5 429 221. 6	0. 0
安 徽	19 882. 7	0. 0	19 882. 7	0. 0
福 建	118 099. 8	1 461. 7	116 638. 1	0. 0
江 西	12 375. 1	148. 9	12 226. 2	0. 0
山 东	257 198. 9	2 016. 8	255 182. 1	0. 0
河 南	166 760. 4	49 495. 8	117 144. 2	120. 5
湖 北	82 585. 6	672. 2	81 913. 4	0. 0
湖 南	218 713. 2	44 772. 9	173 685. 8	254. 6
广 东	19 958 715. 6	8 812 295. 4	11 146 420. 3	0. 0
广 西	13 743. 2	3 531. 8	10 211. 4	0. 0
海 南	1 760. 2	1 268. 2	492. 0	0. 0
重 庆	26 079. 3	5 951. 3	20 128. 0	0. 0
四 川	55 320. 0	37 381. 3	17 938. 8	0. 0
贵 州	41 029. 5	2 910. 9	37 848. 4	270. 2
云 南	336 033. 9	331 936. 1	4 097. 8	0. 0
西 藏	2. 3	1. 2	1. 2	0. 0
陕 西	85 159. 3	17 657. 0	67 254. 0	248. 2
甘 肃	7 419. 4	2. 0	7 417. 4	0. 0
青 海	1 047. 8	0. 0	1 047. 8	0. 0
宁 夏	10 278. 3	0. 0	10 278. 3	0. 0
新 疆	3 188. 1	0. 0	3 188. 1	0. 0

（续）

地区	成员股东分红金额（万元）			
	合计数	组级	村级	镇级
全　国	**25 598 180.2**	**7 584 941.3**	**17 591 021.8**	**422 217.1**
北　京	3 736 791.4	0.0	3 466 277.4	270 514.0
天　津	29 090.4	0.0	29 090.4	0.0
河　北	389 278.1	122.8	389 155.3	0.0
山　西	13 532.2	1 292.2	12 240.0	0.0
内蒙古	949.7	0.0	949.7	0.0
辽　宁	24 165.1	0.0	24 154.7	10.4
吉　林	282.2	0.0	282.2	0.0
黑龙江	23 892.5	3 206.7	20 685.8	0.0
上　海	659 537.6	0.0	508 394.4	151 143.2
江　苏	1 444 669.3	61 881.0	1 382 788.2	0.0
浙　江	4 627 491.7	0.0	4 627 491.7	0.0
安　徽	19 646.4	0.0	19 646.4	0.0
福　建	114 483.2	1 441.8	113 041.4	0.0
江　西	11 603.3	125.2	11 478.1	0.0
山　东	221 846.1	1 916.3	219 929.8	0.0
河　南	160 883.8	45 551.1	115 222.2	110.5
湖　北	66 068.5	537.8	65 530.7	0.0
湖　南	216 520.8	44 116.6	172 149.6	254.6
广　东	13 337 246.9	7 065 308.2	6 271 938.8	0.0
广　西	9 439.2	3 031.3	6 407.9	0.0
海　南	1 317.4	1 268.2	49.2	0.0
重　庆	25 646.1	5 624.8	20 021.4	0.0
四　川	49 575.0	32 859.3	16 715.8	0.0
贵　州	24 132.7	2 713.6	21 386.0	33.0
云　南	312 671.5	310 100.6	2 570.9	0.0
西　藏	0.8	0.0	0.8	0.0
陕　西	59 420.0	3 842.5	55 426.0	151.4
甘　肃	7 129.9	1.2	7 128.7	0.0
青　海	100.0	0.0	100.0	0.0
宁　夏	9 373.6	0.0	9 373.6	0.0
新　疆	1 394.8	0.0	1 394.8	0.0

（续）

地区	集体股东分红金额（万元）			
	合计数	组级	村级	镇级
全　国	**7 106 921. 1**	**1 632 936. 2**	**5 379 036. 3**	**94 948. 7**
北　京	725 023. 3	0. 0	630 193. 6	94 829. 7
天　津	0. 0	0. 0	0. 0	0. 0
河　北	364. 0	8. 5	355. 5	0. 0
山　西	3 998. 7	0. 0	3 998. 7	0. 0
内蒙古	7. 2	0. 0	7. 2	0. 0
辽　宁	4 054. 4	0. 0	4 049. 9	4. 5
吉　林	224. 1	0. 0	224. 1	0. 0
黑龙江	4 256. 4	356. 4	3 900. 0	0. 0
上　海	10 274. 2	0. 0	10 274. 2	0. 0
江　苏	95 829. 5	258. 3	95 571. 3	0. 1
浙　江	42 704. 7	0. 0	42 704. 7	0. 0
安　徽	2 042. 3	0. 0	2 042. 3	0. 0
福　建	3 616. 6	19. 9	3 596. 7	0. 0
江　西	132. 9	3. 7	129. 3	0. 0
山　东	35 352. 8	100. 5	35 252. 3	0. 0
河　南	5 537. 5	3 944. 7	1 582. 8	10. 0
湖　北	16 517. 1	134. 4	16 382. 7	0. 0
湖　南	6 869. 3	3. 2	6 866. 1	0. 0
广　东	6 114 773. 8	1 609 314. 7	4 505 459. 1	0. 0
广　西	3 839. 9	500. 4	3 339. 5	0. 0
海　南	0. 0	0. 0	0. 0	0. 0
重　庆	74. 2	0. 0	74. 2	0. 0
四　川	5 617. 1	4 518. 4	1 098. 7	0. 0
贵　州	5 061. 2	103. 9	4 949. 7	7. 7
云　南	13 450. 8	13 304. 8	146. 0	0. 0
西　藏	92. 3	1. 2	91. 2	0. 0
陕　西	5 851. 0	362. 5	5 391. 7	96. 8
甘　肃	289. 5	0. 8	288. 7	0. 0
青　海	0. 0	0. 0	0. 0	0. 0
宁　夏	904. 8	0. 0	904. 8	0. 0
新　疆	161. 5	0. 0	161. 5	0. 0

（续）

地区	年末资产总额（万元）			
	合计数	组级	村级	镇级
全　国	397 872 954.6	33 429 954.3	343 747 569.0	20 695 431.4
北　京	54 348 174.6	0.0	45 708 240.4	8 639 934.2
天　津	8 679 642.0	0.0	8 679 642.0	0.0
河　北	10 843 939.2	91 768.3	10 435 715.2	316 455.7
山　西	11 116 248.2	256 848.1	10 859 400.1	0.0
内蒙古	2 248 176.6	49 548.3	2 198 628.4	0.0
辽　宁	5 707 267.4	8 110.7	5 697 340.9	1 815.7
吉　林	713 537.9	121 549.5	498 660.6	93 327.8
黑龙江	4 383 569.8	14 082.0	4 369 487.8	0.0
上　海	21 439 393.0	0.0	10 431 824.8	11 007 568.2
江　苏	29 828 950.5	435 682.7	29 229 657.8	163 610.1
浙　江	51 103 166.0	0.0	51 103 166.0	0.0
安　徽	6 000 332.3	142.1	6 000 190.2	0.0
福　建	10 432 678.7	121 759.6	10 310 919.1	0.0
江　西	2 122 565.6	172 917.4	1 864 731.7	84 916.5
山　东	46 878 224.4	394 429.5	46 483 794.9	0.0
河　南	11 216 241.3	1 051 441.7	10 074 297.8	90 501.8
湖　北	5 334 948.7	41 300.6	5 293 648.1	0.0
湖　南	9 022 136.0	252 985.1	8 742 846.9	26 304.0
广　东	65 959 048.9	18 053 195.1	47 905 853.8	0.0
广　西	2 258 136.3	841 965.1	1 416 171.2	0.0
海　南	51 743.4	16 043.2	35 038.5	661.7
重　庆	4 811 564.4	1 990 825.7	2 820 738.6	0.0
四　川	7 700 183.0	3 163 020.1	4 537 162.8	0.0
贵　州	5 112 813.8	610 945.6	4 305 434.8	196 433.5
云　南	6 716 004.3	4 565 607.8	2 150 396.5	0.0
西　藏	329.1	3.6	326.2	0.0
陕　西	11 147 946.8	1 145 402.0	9 950 246.5	52 298.3
甘　肃	368 348.3	2 433.3	365 915.0	0.0
青　海	1 133 794.7	0.0	1 112 267.4	21 527.3
宁　夏	704 176.5	0.0	704 100.0	76.5
新　疆	489 672.0	27 947.0	461 725.0	0.0

（续）

| 地区 | 年末经营性资产总额（万元） | | | |
	合计数	组级	村级	镇级
全　国	**159 616 167.1**	**14 905 421.4**	**130 164 631.5**	**14 546 114.3**
北　京	33 895 319.0	0.0	26 144 633.3	7 750 685.7
天　津	4 755 968.1	0.0	4 755 968.1	0.0
河　北	2 120 628.8	4 078.4	2 036 336.2	80 214.2
山　西	2 094 831.6	46 733.6	2 048 098.0	0.0
内蒙古	339 987.7	1 727.6	338 260.2	0.0
辽　宁	1 140 402.5	1 178.3	1 139 209.3	14.9
吉　林	97 173.1	12 921.6	74 193.6	10 057.9
黑龙江	1 583 440.4	0.0	1 583 440.4	0.0
上　海	12 176 192.5	0.0	5 611 946.2	6 564 246.3
江　苏	16 881 163.3	263 178.3	16 513 226.1	104 758.9
浙　江	13 843 259.0	0.0	13 843 259.0	0.0
安　徽	1 569 827.6	142.1	1 569 685.5	0.0
福　建	2 415 575.1	70 210.5	2 345 364.6	0.0
江　西	616 467.3	15 522.5	581 124.0	19 820.9
山　东	16 405 341.7	62 853.4	16 342 488.3	0.0
河　南	2 937 680.8	519 713.5	2 415 007.1	2 960.2
湖　北	5 228 249.8	40 474.6	5 187 775.2	0.0
湖　南	1 279 559.7	96 141.5	1 177 389.0	6 029.1
广　东	30 609 145.7	10 898 456.1	19 710 689.7	0.0
广　西	907 820.8	319 919.1	587 901.7	0.0
海　南	2 201.4	1 702.9	498.5	0.0
重　庆	937 283.1	407 343.1	529 940.0	0.0
四　川	1 220 898.6	412 075.3	808 823.3	0.0
贵　州	1 192 720.8	142 250.6	1 046 881.1	3 589.0
云　南	1 533 640.1	1 241 407.7	292 232.4	0.0
西　藏	321.1	0.0	321.1	0.0
陕　西	2 939 492.0	342 851.8	2 592 979.7	3 660.5
甘　肃	107 257.5	0.0	107 257.5	0.0
青　海	258 676.7	0.0	258 676.7	0.0
宁　夏	344 317.0	0.0	344 240.5	76.5
新　疆	181 324.0	4 538.9	176 785.1	0.0

（续）

地区	公益性支出总额（万元）			
	合计数	组级	村级	镇级
全 国	**7 179 740. 2**	**167 851. 0**	**6 962 067. 1**	**49 822. 1**
北 京	125 604. 0	0. 0	123 827. 1	1 776. 9
天 津	19 266. 1	0. 0	19 266. 1	0. 0
河 北	98 954. 7	317. 4	98 391. 1	246. 2
山 西	57 049. 0	1 090. 3	55 958. 7	0. 0
内 蒙 古	5 610. 2	0. 0	5 610. 2	0. 0
辽 宁	13 983. 6	0. 0	13 983. 6	0. 0
吉 林	14 774. 9	296. 1	14 478. 8	0. 0
黑 龙 江	45 389. 9	0. 0	45 389. 9	0. 0
上 海	153 055. 1	0. 0	146 418. 8	6 636. 4
江 苏	704 211. 0	427. 1	702 890. 9	893. 0
浙 江	2 667 658. 5	0. 0	2 667 658. 5	0. 0
安 徽	189 654. 4	0. 0	189 654. 4	0. 0
福 建	293 235. 7	283. 3	292 952. 4	0. 0
江 西	27 263. 5	8 919. 8	18 325. 0	18. 7
山 东	527 076. 7	4 691. 3	522 385. 4	0. 0
河 南	300 239. 6	593. 1	299 270. 6	375. 8
湖 北	120 250. 7	343. 1	119 907. 5	0. 0
湖 南	281 790. 9	3 603. 4	270 109. 0	8 078. 5
广 东	884 260. 9	69 036. 5	815 224. 4	0. 0
广 西	14 162. 1	1 272. 9	12 889. 2	0. 0
海 南	876. 0	438. 0	438. 0	0. 0
重 庆	93 871. 5	8 609. 0	85 262. 5	0. 0
四 川	179 963. 9	23 005. 2	156 958. 6	0. 0
贵 州	68 070. 5	1 208. 3	35 480. 7	31 381. 5
云 南	90 786. 4	39 919. 4	50 867. 0	0. 0
西 藏	0. 0	0. 0	0. 0	0. 0
陕 西	191 834. 0	3 173. 8	188 245. 0	415. 2
甘 肃	621. 2	0. 0	621. 2	0. 0
青 海	4 168. 8	0. 0	4 168. 8	0. 0
宁 夏	1 785. 7	0. 0	1 785. 7	0. 0
新 疆	4 270. 7	623. 0	3 647. 7	0. 0

（续）

地区	公益性基础设施建设投入金额（万元）			
	合计数	组级	村级	镇级
全　国	4 346 866.2	131 768.5	4 169 483.4	45 614.2
北　京	53 098.9	0.0	51 936.9	1 162.0
天　津	10 421.7	0.0	10 421.7	0.0
河　北	77 392.3	317.4	76 828.7	246.2
山　西	40 194.2	909.8	39 284.4	0.0
内蒙古	3 650.1	0.0	3 650.1	0.0
辽　宁	9 962.2	0.0	9 962.2	0.0
吉　林	13 078.7	74.5	13 004.2	0.0
黑龙江	30 742.3	0.0	30 742.3	0.0
上　海	53 651.1	0.0	48 783.3	4 867.8
江　苏	463 879.5	350.6	462 884.1	644.8
浙　江	1 311 414.6	0.0	1 311 414.6	0.0
安　徽	174 303.2	0.0	174 303.2	0.0
福　建	223 835.1	159.9	223 675.2	0.0
江　西	21 515.1	7 989.4	13 511.3	14.3
山　东	393 618.2	3 763.8	389 854.4	0.0
河　南	269 306.8	225.5	268 868.1	213.1
湖　北	95 983.2	301.1	95 682.1	0.0
湖　南	242 877.0	3 311.3	232 252.3	7 313.5
广　东	271 120.8	47 430.7	223 690.1	0.0
广　西	13 508.2	1 255.8	12 252.5	0.0
海　南	720.0	360.0	360.0	0.0
重　庆	89 073.9	8 128.9	80 945.0	0.0
四　川	160 311.7	22 637.3	137 674.5	0.0
贵　州	63 701.6	1 043.1	31 888.7	30 769.8
云　南	70 538.1	30 175.8	40 362.3	0.0
西　藏	0.0		0.0	0.0
陕　西	182 926.4	3 022.7	179 520.9	382.7
甘　肃	301.5	0.0	301.5	0.0
青　海	2 302.5	0.0	2 302.5	0.0
宁　夏	1 351.8	0.0	1 351.8	0.0
新　疆	2 085.4	311.0	1 774.4	0.0

（续）

地区	支付的公共服务费用（万元）			
	合计数	组级	村级	镇级
全　国	**2 832 874.0**	**36 082.5**	**2 792 583.6**	**4 207.9**
北　京	72 505.1	0.0	71 890.2	614.9
天　津	8 844.4	0.0	8 844.4	0.0
河　北	21 562.4	0.0	21 562.4	0.0
山　西	16 854.8	180.5	16 674.3	0.0
内蒙古	1 960.1	0.0	1 960.1	0.0
辽　宁	4 021.4	0.0	4 021.4	0.0
吉　林	1 696.2	221.6	1 474.6	0.0
黑龙江	14 647.6	0.0	14 647.6	0.0
上　海	99 404.0	0.0	97 635.4	1 768.6
江　苏	240 331.5	76.5	240 006.8	248.1
浙　江	1 356 243.9	0.0	1 356 243.9	0.0
安　徽	15 351.2	0.0	15 351.2	0.0
福　建	69 400.6	123.4	69 277.2	0.0
江　西	5 748.4	930.4	4 813.6	4.4
山　东	133 458.5	927.5	132 531.0	0.0
河　南	30 932.9	367.6	30 402.5	162.8
湖　北	24 267.5	42.1	24 225.4	0.0
湖　南	38 913.9	292.1	37 856.7	765.0
广　东	613 140.2	21 605.8	591 534.4	0.0
广　西	653.8	17.1	636.7	0.0
海　南	156.0	78.0	78.0	0.0
重　庆	4 797.6	480.1	4 317.5	0.0
四　川	19 652.1	368.0	19 284.2	0.0
贵　州	4 368.8	165.2	3 592.0	611.7
云　南	20 248.3	9 743.6	10 504.7	0.0
西　藏	0.0	0.0	0.0	0.0
陕　西	8 907.6	151.1	8 724.0	32.5
甘　肃	319.7	0.0	319.7	0.0
青　海	1 866.2	0.0	1 866.2	0.0
宁　夏	433.9	0.0	433.9	0.0
新　疆	2 185.4	312.0	1 873.4	0.0

（续）

地区	上缴税费总额（万元）			
	合计数	组级	村级	镇级
全　国	**872 023.3**	**131 782.7**	**584 693.3**	**155 547.4**
北　京	242 567.3	0.0	132 612.2	109 955.1
天　津	2 041.8	0.0	2 041.8	0.0
河　北	1 459.7	0.0	1 459.7	0.0
山　西	932.5	0.0	932.5	0.0
内蒙古	0.0	0.0	0.0	0.0
辽　宁	580.4	0.0	580.4	0.0
吉　林	15.0	0.0	15.0	0.0
黑龙江	106.5	0.0	106.5	0.0
上　海	91 082.7	0.0	45 495.5	45 587.2
江　苏	32 847.3	0.0	32 847.3	0.0
浙　江	86 813.7	0.0	86 813.7	0.0
安　徽	259.7	0.0	259.7	0.0
福　建	8 833.1	0.0	8 833.1	0.0
江　西	1 890.6	462.0	1 428.7	0.0
山　东	47 037.1	0.0	47 037.1	0.0
河　南	1 563.0	397.8	1 165.2	0.0
湖　北	2 216.5	32.0	2 184.5	0.0
湖　南	1 751.7	640.8	1 110.8	0.0
广　东	334 100.8	121 238.3	212 862.5	0.0
广　西	408.4	23.4	385.0	0.0
海　南	0.0	0.0	0.0	0.0
重　庆	60.6	2.6	58.1	0.0
四　川	183.1	76.5	106.6	0.0
贵　州	2 226.9	82.5	2 140.9	3.6
云　南	12 267.7	8 826.9	3 440.8	0.0
西　藏	0.0	0.0	0.0	0.0
陕　西	242.7	0.0	242.7	0.0
甘　肃	406.6	0.0	406.6	0.0
青　海	20.0	0.0	20.0	0.0
宁　夏	108.0	0.0	106.5	1.5
新　疆	0.0	0.0	0.0	0.0

（续）

地区	上缴税费中代缴红利税总额（万元）			
	合计数	组级	村级	镇级
全　国	**33 661.3**	**708.0**	**26 390.3**	**6 563.0**
北　京	15 699.8	0.0	9 136.8	6 563.0
天　津	6.0	0.0	6.0	0.0
河　北	292.1	0.0	292.1	0.0
山　西	22.7	0.0	22.7	0.0
内蒙古	0.0	0.0	0.0	0.0
辽　宁	0.0	0.0	0.0	0.0
吉　林	0.0	0.0	0.0	0.0
黑龙江	0.0	0.0	0.0	0.0
上　海	2 523.3	0.0	2 523.3	0.0
江　苏	671.0	0.0	671.0	0.0
浙　江	20.7	0.0	20.7	0.0
安　徽	0.0	0.0	0.0	0.0
福　建	104.7	0.0	104.7	0.0
江　西	0.7	0.0	0.7	0.0
山　东	734.8	0.0	734.8	0.0
河　南	66.6	0.0	66.6	0.0
湖　北	443.3	6.4	436.9	0.0
湖　南	85.9	46.1	39.8	0.0
广　东	12 621.5	538.7	12 082.8	0.0
广　西	111.5	0.0	111.5	0.0
海　南	0.0	0.0	0.0	0.0
重　庆	2.4	0.0	2.4	0.0
四　川	22.7	10.0	12.7	0.0
贵　州	171.4	69.8	101.6	0.0
云　南	37.0	37.0	0.0	0.0
西　藏	0.0	0.0	0.0	0.0
陕　西	7.6	0.0	7.6	0.0
甘　肃	15.6	0.0	15.6	0.0
青　海	0.0	0.0	0.0	0.0
宁　夏	0.0	0.0	0.0	0.0
新　疆	0.0	0.0	0.0	0.0

表6 农业农村部门名录管理家庭农场情况统计表

指标名称	代码	单位	数量	占总比（％）	比上年增长（％）
一、家庭农场基本情况					
1. 家庭农场数量	1	个	853 141	100.0	32.6
其中：县级及以上农业农村部门评定的示范家庭农场	2	个	116 787	13.7	28.3
2. 家庭农场经营土地面积	3	亩	184 789 821	100.0	—
（1）耕地	4	亩	95 241 394	51.5	—
其中：①家庭承包经营	5	亩	20 722 674	11.2	—
②流转经营	6	亩	65 845 317	35.6	—
（2）草地	7	亩	80 112 287	43.4	—
（3）水面	8	亩	3 473 106	1.9	—
（4）其他	9	亩	5 963 034	3.2	—
3. 家庭农场劳动力数量	10	个	4 330 910	100.0	—
（1）家庭成员劳动力	11	个	2 905 241	67.1	—
（2）常年雇工劳动力	12	个	1 425 669	32.9	—
二、家庭农场行业分布情况					
1. 种植业	13	个	533 086	62.5	—
其中：粮食产业	14	个	299 591	56.2	—
（1）经营土地面积50～100亩	15	个	128 685	43.0	—
（2）经营土地面积100～200亩	16	个	86 927	29.0	—
（3）经营土地面积200～500亩	17	个	65 572	21.9	—
（4）经营土地面积500亩以上	18	个	18 407	6.1	—
2. 畜牧业	19	个	147 790	17.3	—
其中：（1）生猪产业	20	个	52 883	35.8	—
（2）奶业	21	个	2 572	1.7	—

（续）

指标名称	代码	单位	数量	占总比（%）	比上年增长（%）
3. 渔业	22	个	37 885	4.5	—
4. 种养结合	23	个	100 101	11.7	—
5. 其他	24	个	34 279	4.0	—
三、家庭农场经营情况					
1. 年销售农产品总值	25	万元	22 438 702	100.0	—
（1）10万元以下	26	个	382 574	44.8	—
（2）10万~30万元	27	个	265 028	31.1	—
（3）30万~50万元	28	个	120 623	14.1	—
（4）50万元以上	29	个	84 916	10.0	—
2. 购买农业生产投入品总值	30	万元	10 201 748	100.0	—
3. 拥有注册商标的家庭农场数	31	个	32 645	3.8	—
4. 通过农产品质量认证的家庭农场数	32	个	21 002	2.5	—
四、扶持家庭农场发展情况					
1. 获得财政扶持资金的家庭农场数	33	个	33 446	3.9	—
2. 各级财政扶持资金总额	34	万元	257 298	100.0	—
（1）中央	35	万元	83 768	32.6	—
（2）省级	36	万元	54 856	21.3	—
（3）市级	37	万元	26 324	10.2	—
（4）县级及以下	38	万元	92 350	35.9	—
3. 获得贷款支持的家庭农场数	39	个	41 375	4.8	—
（1）20万元及以下	40	个	26 301	63.6	—
（2）20万~50万元	41	个	11 398	27.5	—
（3）50万元以上	42	个	3 676	8.9	—
4. 获得贷款资金总额	43	万元	845 840	100.0	—

表 6-1 各地区农业农村部门名录管理家庭农场情况统计表

地区	家庭农场数量（个）	县级及以上农业农村部门评定的示范家庭农场数量（个）	家庭农场经营土地面积（亩）	家庭农场经营耕地面积（亩）
全国	853 141	116 787	184 789 821	95 241 394
北京	156	5	7 023.5	5 018.2
天津	3 159	38	365 280.8	341 338.1
河北	35 888	9 910	5 911 890.0	5 581 469.1
山西	12 285	1 388	1 270 375.5	942 932.3
内蒙古	18 551	2 157	77 243 061.0	3 413 940.0
辽宁	9 675	2 390	1 997 063.4	1 893 435.5
吉林	27 715	2 570	5 460 894.7	5 377 668.0
黑龙江	51 789	3 697	13 963 564.8	13 846 130.8
上海	4 347	129	637 168.8	637 168.8
江苏	53 358	8 380	11 827 586.5	10 931 837.9
浙江	46 051	4 099	3 359 088.1	2 543 737.5
安徽	110 104	11 577	13 596 774.0	12 197 185.0
福建	26 352	3 590	1 204 038.0	726 601.0
江西	38 898	3 354	3 878 354.4	2 874 550.7
山东	62 915	5 410	5 961 841.0	5 688 132.0
河南	28 810	4 495	4 168 810.5	4 020 283.5
湖北	36 248	4 918	3 841 174.0	3 045 035.0
湖南	53 563	12 386	7 948 879.0	6 923 736.4
广东	22 102	2 300	1 483 838.6	1 031 335.3
广西	11 217	1 430	798 600.2	673 032.9
海南	1 063	247	144 287.1	120 514.3
重庆	23 109	2 437	1 364 787.0	1 116 397.0
四川	121 852	11 636	5 043 780.0	4 423 238.0
贵州	9 406	3 862	1 600 261.0	1 382 117.0
云南	8 107	2 663	638 886.0	432 668.0
西藏	252	20	2 350 685.0	83 678.0
陕西	16 350	5 647	2 042 748.3	1 898 116.2
甘肃	10 491	3 362	1 886 759.0	1 447 495.0
青海	5 015	1 893	3 464 495.3	431 215.6
宁夏	3 358	791	826 581.0	773 393.0
新疆	955	6	501 244.0	437 994.0

注：西藏自治区数据只包含部分市、县。

（续）

地区	家庭承包经营耕地面积（亩）	流转经营耕地面积（亩）	家庭农场经营草地面积（亩）	家庭农场经营水面面积（亩）
全　国	**20 722 674**	**65 845 317**	**80 112 287**	**3 473 106**
北　京	1 104.0	3 562.9	0.0	2 005.4
天　津	31 515.0	249 670.7	10.3	15 611.6
河　北	1 103 800.2	3 430 223.0	5 661.0	33 856.2
山　西	327 065.1	533 479.4	16 278.0	2 511.4
内蒙古	1 214 971.0	1 828 496.0	73 787 897.0	10 361.0
辽　宁	227 349.9	1 508 861.6	11 042.0	11 386.0
吉　林	1 984 787.5	3 180 701.4	29 870.1	10 354.0
黑龙江	3 176 188.3	9 536 776.9	13 837.9	86 986.8
上　海	2 504.7	634 664.1	0.0	0.0
江　苏	2 059 304.4	8 595 644.0	10 837.1	694 499.7
浙　江	330 745.3	2 097 576.9	2 304.0	166 280.8
安　徽	1 243 118.0	10 039 858.0	16 201.0	632 307.0
福　建	178 028.0	385 977.0	6 932.0	35 478.0
江　西	927 877.3	1 717 100.1	45 154.6	370 709.8
山　东	1 190 357.0	4 096 467.0	10 498.0	67 533.0
河　南	923 857.2	2 818 161.0	19 465.9	31 084.0
湖　北	701 025.0	1 945 674.0	32 149.0	431 156.0
湖　南	1 870 981.6	4 146 129.4	125 688.0	325 860.0
广　东	167 112.7	646 722.0	18 799.2	122 560.1
广　西	193 484.4	383 255.6	7 559.0	17 457.0
海　南	38 618.0	3 910.0	87.8	4 783.6
重　庆	207 207.0	873 244.0	30 803.0	131 725.0
四　川	855 132.0	3 186 405.0	76 728.0	192 098.0
贵　州	465 099.0	407 094.0	78 943.0	13 239.0
云　南	92 130.0	287 238.0	24 063.0	19 489.0
西　藏	36 434.4	523.8	2 241 411.8	82.8
陕　西	555 926.2	1 275 028.5	18 918.4	19 649.7
甘　肃	372 537.0	755 852.0	397 010.0	911.0
青　海	68 692.0	291 457.3	3 032 929.7	220.0
宁　夏	110 278.0	652 208.0	6 965.0	21 833.0
新　疆	65 444.0	333 356.0	44 243.0	1 077.0

（续）

地区	家庭农场经营其他面积（亩）	家庭农场劳动力数量（个）	家庭成员劳动力数量（个）	常年雇工劳动力数量（个）
全　国	**5 963 034**	**4 330 910**	**2 905 241**	**1 425 669**
北　京	0.0	433	377	56
天　津	8 320.8	8 352	4 300	4 052
河　北	290 903.8	226 740	171 347	55 393
山　西	308 653.8	39 311	29 851	9 460
内　蒙古	30 863.0	56 085	42 604	13 481
辽　宁	81 199.9	39 967	25 632	14 335
吉　林	43 002.5	100 988	73 204	27 784
黑龙江	16 609.4	162 969	114 059	48 910
上　海	0.0	11 045	10 731	314
江　苏	190 411.9	406 090	302 168	103 922
浙　江	646 765.8	176 419	101 173	75 246
安　徽	751 081.0	472 797	288 569	184 228
福　建	435 027.0	99 621	65 394	34 227
江　西	587 939.3	232 643	168 962	63 681
山　东	195 678.0	277 686	173 788	103 898
河　南	97 977.0	228 920	154 368	74 552
湖　北	332 834.0	185 149	96 946	88 203
湖　南	573 594.6	593 345	435 409	157 936
广　东	311 144.0	77 282	51 705	25 577
广　西	100 551.3	96 038	74 427	21 611
海　南	18 901.4	5 112	3 815	1 297
重　庆	85 862.0	98 833	69 617	29 216
四　川	351 716.0	458 584	271 555	187 029
贵　州	125 962.0	69 876	40 325	29 551
云　南	162 666.0	44 498	23 109	21 389
西　藏	25 512.4	1 280	1 260	20
陕　西	106 064.1	73 317	51 396	21 921
甘　肃	41 343.0	48 122	30 300	17 822
青　海	130.0	22 723	17 038	5 685
宁　夏	24 390.0	12 156	8 964	3 192
新　疆	17 930.0	4 529	2 848	1 681

（续）

地区	种植业家庭农场数（个）	粮食产业家庭农场数（个）	经营土地面积50～100亩的粮食产业家庭农场数（个）	经营土地面积100～200亩的粮食产业家庭农场数（个）
全　国	**533 086**	**299 591**	**128 685**	**86 927**
北　京	65	0	0	0
天　津	2 045	765	265	171
河　北	26 868	15 336	7 847	3 769
山　西	8 039	5 689	3 268	1 696
内蒙古	5 029	3 893	153	1 048
辽　宁	8 168	6 832	1 775	2 782
吉　林	24 168	20 245	7 951	6 752
黑龙江	47 462	44 448	6 744	11 598
上　海	4 192	4 109	615	2 721
江　苏	39 082	29 235	7 927	10 362
浙　江	31 618	7 651	3 616	1 988
安　徽	74 140	45 843	19 884	13 720
福　建	15 002	1 843	1 298	373
江　西	17 767	9 570	4 663	3 199
山　东	51 018	26 207	16 743	6 080
河　南	24 285	18 056	10 609	4 655
湖　北	16 550	10 807	8 104	1 870
湖　南	32 197	20 917	9 663	7 802
广　东	8 535	2 331	1 648	439
广　西	5 333	1 480	1 097	302
海　南	415	59	47	11
重　庆	10 044	2 572	2 014	415
四　川	55 796	11 070	7 673	2 254
贵　州	3 734	921	589	198
云　南	3 413	886	653	171
西　藏	3	0	0	0
陕　西	9 513	3 721	1 703	1 220
甘　肃	5 264	2 786	1 352	704
青　海	1 450	1 012	456	274
宁　夏	1 381	1 014	283	290
新　疆	510	293	45	63

（续）

地区	经营土地面积200～500亩的粮食产业家庭农场数（个）	经营土地面积500亩以上的粮食产业家庭农场数（个）	畜牧业家庭农场数（个）	生猪产业家庭农场数（个）
全　　国	65 572	18 407	147 790	52 883
北　　京	0	0	9	1
天　　津	214	115	583	218
河　　北	2 587	1 133	5 338	1 802
山　　西	584	141	3 468	986
内　蒙　古	1 108	1 584	11 843	189
辽　　宁	1 903	372	464	120
吉　　林	4 388	1 154	1 372	492
黑　龙　江	21 117	4 989	2 988	1 403
上　　海	756	17	32	32
江　　苏	8 927	2 019	2 253	953
浙　　江	1 661	386	3 145	781
安　　徽	9 134	3 105	13 892	5 124
福　　建	141	31	3 138	492
江　　西	1 383	325	8 308	2 508
山　　东	2 688	696	4 774	1 797
河　　南	2 119	673	2 100	978
湖　　北	618	215	7 079	3 414
湖　　南	3 050	402	8 473	4 549
广　　东	190	54	6 543	761
广　　西	70	11	1 975	856
海　　南	1	0	242	90
重　　庆	119	24	7 547	3 152
四　　川	895	248	34 042	16 339
贵　　州	99	35	4 165	2 072
云　　南	48	14	3 008	1 213
西　　藏	0	0	247	13
陕　　西	634	164	4 053	1 628
甘　　肃	566	164	2 220	454
青　　海	219	63	3 045	286
宁　　夏	267	174	1 265	170
新　　疆	86	99	179	10

（续）

地区	奶业家庭农场数（个）	渔业家庭农场数（个）	种养结合家庭农场数（个）	其他家庭农场数（个）
全　国	**2 572**	**37 885**	**100 101**	**34 279**
北　京	0	81	0	1
天　津	1	359	124	48
河　北	282	99	1 971	1 612
山　西	98	17	602	159
内蒙古	235	64	1 573	42
辽　宁	14	85	681	277
吉　林	26	156	1 555	464
黑龙江	172	116	1 018	205
上　海	0	44	79	0
江　苏	53	5 376	4 764	1 883
浙　江	26	3 042	4 970	3 276
安　徽	34	5 612	11 767	4 693
福　建	5	842	6 040	1 330
江　西	57	4 250	6 387	2 186
山　东	272	486	4 402	2 235
河　南	37	193	1 640	592
湖　北	55	3 510	7 053	2 056
湖　南	46	2 389	8 617	1 887
广　东	4	2 200	4 001	823
广　西	27	366	2 998	545
海　南	0	62	195	149
重　庆	49	2 172	2 524	822
四　川	184	5 588	19 131	7 295
贵　州	32	310	740	457
云　南	36	158	1 212	316
西　藏	186	0	1	1
陕　西	285	204	2 041	539
甘　肃	67	27	2 804	176
青　海	229	11	494	15
宁　夏	38	58	531	123
新　疆	22	8	186	72

（续）

地区	年销售农产品总值（万元）	年销售10万元以下的家庭农场数（个）	年销售10万～30万元的家庭农场数（个）	年销售30万～50万元的家庭农场数（个）
全　国	**22 438 702**	**382 574**	**265 028**	**120 623**
北　京	2 947.2	100	33	5
天　津	74 907.8	2 006	545	349
河　北	519 518.8	21 041	8 457	3 268
山　西	198 684.7	4 748	4 749	1 536
内蒙古	376 174.4	5 008	9 961	2 619
辽　宁	181 063.0	3 677	3 628	1 404
吉　林	421 290.0	12 480	9 950	3 763
黑龙江	755 085.6	17 834	22 977	7 240
上　海	149 338.7	139	2 737	1 064
江　苏	2 272 504.8	9 774	17 395	14 427
浙　江	1 920 250.9	21 169	11 746	5 512
安　徽	3 825 031.8	41 312	32 315	22 873
福　建	663 322.3	14 995	7 450	1 987
江　西	898 785.2	15 501	11 165	7 229
山　东	1 460 546.4	35 236	17 000	6 710
河　南	477 673.9	14 550	8 239	3 824
湖　北	1 547 489.6	12 225	14 892	5 824
湖　南	1 158 438.3	20 411	18 344	9 405
广　东	589 821.0	10 874	6 343	2 400
广　西	170 695.2	6 177	2 865	1 418
海　南	14 556.1	561	333	138
重　庆	658 969.6	12 088	6 094	2 214
四　川	2 957 123.2	71 769	31 522	10 665
贵　州	186 211.4	5 034	2 479	1 105
云　南	280 303.3	3 139	2 812	927
西　藏	—	167	5	0
陕　西	272 441.9	8 929	5 578	1 222
甘　肃	177 828.4	7 062	2 346	626
青　海	36 715.2	3 504	1 279	160
宁　夏	146 775.5	792	1 435	542
新　疆	44 208.1	272	354	167

（续）

地区	年销售 50万元以上的 家庭农场数 （个）	购买农业 生产投入品 总值 （万元）	拥有注册 商标的家庭 农场数 （个）	通过农产品 质量认证的 家庭农场数 （个）
全　国	**84 916**	**10 201 748**	**32 645**	**21 002**
北　京	18	0.0	0	0
天　津	259	42 243.0	65	24
河　北	3 122	190 152.6	912	629
山　西	1 252	97 254.9	136	69
内　蒙　古	963	185 629.9	64	34
辽　宁	966	94 281.2	409	142
吉　林	1 522	181 273.5	538	178
黑　龙　江	3 738	465 268.9	649	88
上　海	407	76 248.3	124	3 052
江　苏	11 762	1 132 826.7	3 239	1 503
浙　江	7 624	891 447.0	3 569	2 437
安　徽	13 604	1 919 983.3	4 503	1 349
福　建	1 920	217 450.3	1 105	544
江　西	5 003	422 062.7	1 422	575
山　东	3 969	656 529.1	2 362	741
河　南	2 197	215 955.5	1 055	337
湖　北	3 307	644 240.3	2 270	3 359
湖　南	5 403	505 169.5	2 768	2 758
广　东	2 485	186 161.1	440	143
广　西	757	146 362.4	1 545	128
海　南	31	6 839.5	12	4
重　庆	2 713	245 322.9	1 047	407
四　川	7 896	895 634.3	2 654	1 333
贵　州	788	83 002.8	514	506
云　南	1 229	139 529.5	189	29
西　藏	80	—	0	0
陕　西	621	102 891.4	843	519
甘　肃	457	336 343.6	106	27
青　海	72	15 917.0	35	1
宁　夏	589	86 490.4	43	15
新　疆	162	19 236.4	27	71

（续）

地区	获得财政扶持资金的家庭农场数（个）	各级财政扶持资金总额（万元）	中央财政扶持资金金额（万元）	省级扶持资金金额（万元）
全 国	**33 446**	**257 298**	**83 768**	**54 856**
北 京	7	182.7	0.0	0.7
天 津	279	1 338.0	1 308.0	0.0
河 北	892	13 090.2	10 840.0	1 500.0
山 西	236	1 270.6	691.1	169.0
内 蒙 古	352	1 759.6	1 470.0	64.0
辽 宁	164	1 008.6	798.0	0.0
吉 林	411	1 450.0	740.8	443.1
黑 龙 江	556	2 775.7	576.6	1 516.5
上 海	3 367	28 031.9	0.0	9 841.8
江 苏	3 287	20 342.0	3 087.4	10 082.8
浙 江	2 389	45 171.9	799.2	3 400.7
安 徽	5 025	28 595.8	11 036.2	5 130.0
福 建	864	3 895.7	1 137.0	1 315.7
江 西	339	2 085.9	141.5	951.0
山 东	803	4 335.3	1 462.8	442.9
河 南	382	3 701.6	1 180.0	993.5
湖 北	871	9 826.6	3 540.0	2 363.7
湖 南	4 607	16 933.8	4 000.0	7 395.1
广 东	301	3 855.9	371.4	2 068.0
广 西	410	2 269.8	1 460.0	253.1
海 南	38	334.4	236.4	90.0
重 庆	1 787	7 122.9	2 442.0	0.0
四 川	3 369	40 795.5	29 500.0	3 500.0
贵 州	767	5 367.9	1 270.9	1 470.7
云 南	95	625.1	80.0	147.0
西 藏	—	2 172.3	1 742.3	0.0
陕 西	1 224	5 680.5	2 044.0	1 044.4
甘 肃	232	1 097.5	808.0	113.0
青 海	159	687.4	0.0	281.0
宁 夏	153	759.0	610.0	12.0
新 疆	80	733.4	394.0	266.0

（续）

地区	市级扶持资金金额（万元）	县级及以下扶持资金金额（万元）	获得贷款支持的家庭农场数（个）	获得20万元及以下贷款支持的家庭农场数（个）
全　国	**26 324**	**92 350**	**41 375**	**26 301**
北　京	0.0	182.0	0	0
天　津	30.0	0.0	1	0
河　北	530.3	220.0	300	173
山　西	281.0	129.5	10	5
内蒙古	14.0	211.6	263	143
辽　宁	210.6	0.0	194	87
吉　林	100.6	165.5	633	375
黑龙江	668.6	14.0	2 347	1 778
上　海	0.0	18 190.2	111	85
江　苏	4 294.9	2 876.9	4 539	2 640
浙　江	3 035.9	37 936.2	5 141	2 453
安　徽	4 254.5	8 175.1	8 468	5 481
福　建	584.5	858.5	767	620
江　西	209.6	783.8	3 047	1 684
山　东	1 784.7	644.9	1 072	643
河　南	202.5	1 325.6	815	436
湖　北	1 510.8	2 412.1	1 955	1 307
湖　南	1 282.1	4 256.6	4 027	2 827
广　东	678.6	737.9	141	84
广　西	302.9	253.8	367	226
海　南	8.0	0.0	0	0
重　庆	1 773.9	2 907.0	1 020	753
四　川	2 985.0	4 810.5	2 712	2 009
贵　州	477.2	2 149.1	1 296	929
云　南	117.5	280.6	425	266
西　藏	430.0	0.0	—	—
陕　西	406.3	2 185.8	979	780
甘　肃	69.0	107.5	320	260
青　海	0.0	406.4	92	54
宁　夏	65.0	72.0	216	141
新　疆	16.0	57.4	117	62

（续）

地区	获得 20 万～50 万元贷款支持的家庭农场数（个）	获得 50 万元以上贷款支持的家庭农场数（个）	获得贷款资金总额（万元）
全　国	11 398	3 676	845 840
北　京	0	0	0.0
天　津	1	0	50.0
河　北	92	35	5 848.1
山　西	3	2	287.0
内蒙古	77	43	14 341.0
辽　宁	70	37	7 955.7
吉　林	181	77	15 141.8
黑龙江	392	177	37 417.6
上　海	19	7	1 308.9
江　苏	1 549	350	85 203.3
浙　江	1 887	801	132 248.2
安　徽	2 443	544	207 009.3
福　建	114	33	9 370.8
江　西	1 006	357	53 364.7
山　东	321	108	25 151.5
河　南	339	40	16 514.8
湖　北	463	185	39 452.5
湖　南	893	307	48 363.3
广　东	32	25	2 954.6
广　西	128	13	5 343.8
海　南	0	0	0.0
重　庆	208	59	21 773.8
四　川	491	212	64 238.0
贵　州	297	70	13 270.0
云　南	100	59	12 318.0
西　藏	—	—	—
陕　西	141	58	7 906.2
甘　肃	38	22	7 826.4
青　海	26	12	2 300.9
宁　夏	58	17	3 685.0
新　疆	29	26	5 195.0

农村政策与改革情况分析报告

2019 年农村土地承包经营及管理情况

——2019 年农村政策与改革情况统计分析报告之一

根据全国 30 个省（自治区、直辖市）（不含西藏，下同）农村政策与改革统计年报数据汇总情况分析，2019 年农村土地承包经营及管理情况如下。

一、家庭承包耕地情况

目前，全国农村土地承包经营权确权登记颁证工作基本完成，解决了承包地面积不准、四至不清等问题。从统计报表看，各地承包地统计面积普遍增加，截至 2019 年底，家庭承包耕地面积达 15.46 亿亩，较 2017 年的 13.85 亿亩增长了 11.61%，其中本次承包地确权 15.04 亿亩。2019 年底，全国家庭承包经营农户 2.2 亿户，已签订家庭承包合同 2.13 亿份，已颁发土地承包经营权证 2.04 亿份。2019 年底，全国农村集体机动地面积 6 805.56 万亩，比 2017 年增长了 104.88%。

二、家庭承包耕地流转情况

（一）全国家庭承包耕地流转面积增速下降，三分之一的省份流转面积下降

2019 年全国家庭承包耕地流转面积 5.55 亿亩，较 2018 年增

长 2.96%。分省看，增比超过 10% 的省份有 7 个，依次是广西（18.76%）、四川（18.33%）、贵州（16.38%）、广东（16.07%）、新疆（13.06%）、山东（12.24%）、云南（11.89%）。流转面积降幅超过 1% 的有 6 个省份，依次是海南（-34.75%）、山西（-13%）、河北（-10.71%）、陕西（-5.82%）、青海（-3.47%）、河南（-2.99%）。

2019 年全国家庭承包耕地流转面积占家庭承包经营耕地面积的 35.9%，较 2017 年下降 1.07%，主要原因是本次确权后家庭承包经营耕地面积大幅上升。分省看，流转面积占承包耕地比重超过 50% 的省份有 5 个，依次是上海（87.34%）、北京（69.69%）、浙江（60.68%）、江苏（59.07%）、黑龙江（56.32%）。

（二）流出承包农户和签订流转合同数量略有增长

全国流转出承包耕地的农户达 7 321.1 万户，占家庭承包农户数的 33.27%，比 2017 年提高 2.1 个百分点。签订流转合同 5 740.55 万份，较 2018 年增长 1.11% 左右。但部分省份流转合同签订数量出现下降。

（三）出租（转包）仍是流转的主要方式，入股和其他形式流转占比有所上升

2019 年以出租（转包）方式流转 4.46 亿亩，较 2018 年增长 2.04%，占流转总面积的 80.37%，较 2018 年下降 0.73 个百分点。其中，出租给本乡镇以外人口或单位的 4 197.3 万亩，比 2018 年增长 22.3%。

以入股方式流转 3 307.76 万亩，较 2018 年增长 12.15%，占流转总面积的 5.96%，较 2018 年上升 0.49 个百分点。

以其他形式流转 3 104.17 万亩，较 2018 年增长 17.55％，占流转总面积的 5.59％，较 2018 年上升 0.69 个百分点。

（四）流入方仍以农户为主，家庭农场等其他主体流入面积增长较快

2019 年流入农户面积 3.12 亿亩，占流转总面积的 56.18％，较 2018 年下降 0.99 个百分点。流入合作社面积 1.26 亿亩，占流转总面积的 22.69％，较 2018 年上升 0.22 个百分点。流转入企业面积 5 762.21 万亩，占流转总面积的 10.38％，较 2018 年上升 0.07 个百分点。流入其他主体的面积 5 967.12 万亩，占流转总面积的 10.75％，较 2018 年上升 0.71 个百分点。

（五）流转土地用于种植粮食作物的比例略有下降

2019 年流转用于种植粮食作物的面积 2.95 亿亩，占流转总面积的 53.16％，较 2018 年下降 0.98 个百分点。分省看，流转土地用于种植粮食作物面积占比超过 50％的省份有 12 个，依次是黑龙江（89.06％）、吉林（79.06％）、安徽（65.56％）、内蒙古（63.55％）、河南（61.17％）、湖北（58.74％）、辽宁（58.56％）、江苏（53.4％）、湖南（52.72％）、上海（52.43％）、天津（51.55％）、江西（51.16％）。流转用于种植粮食作物面积占比较低的 5 个省份，依次是北京（8.35％）、贵州（12.51％）、海南（13.07％）、广西（13.83％）、云南（22.06％）。

三、承包经营纠纷调处情况

（一）土地承包仲裁体系逐步健全

全国共设立农村土地承包仲裁委员会 2 605 个，其中县级仲

裁委员会 2 427 个。仲裁委员会人员 4.43 万人，其中农民委员 9 591 人。仲裁委员会依法聘任仲裁员 5.21 万人，日常工作机构人数 1.45 万人。全国村民委员会、乡镇人民政府和县级以上农村土地承包仲裁委员会共受理纠纷 27.73 万件，调处纠纷 23.92 万件，调处率 86.27%。

（二）受理纠纷数量持续下降，土地承包类占比较大

2019 年共受理土地承包及流转纠纷 27.73 万件，已经连续 3 年下降，比 2018 年下降 20.17%，比 2016 年下降 27.3%。其中涉及土地承包纠纷 18.28 万件，占比 65.92%；涉及土地流转纠纷 8.06 万件，占比 29.05%；其他类型纠纷 1.4 万件，占比 5.03%。

在受理的土地承包纠纷中，涉及家庭承包纠纷 17.31 万件，占比 94.71%；涉及其他方式承包纠纷 9 677 件，占比 5.29%。在家庭承包纠纷中，涉及妇女承包权益的 1.15 万件，占比 6.6%。

在土地流转纠纷中，涉及农户之间的纠纷 5.73 万件，占比 71.09%；涉及农户与村组集体之间的纠纷 1.36 万件，占比 16.94%；农户与其他主体之间的纠纷 9 648 件，占比 11.97%。

（三）各类纠纷主要通过调解解决

在纠纷调处方面，通过调解解决纠纷 22.1 万件，占比 92.4%，比 2018 年降低 0.25 个百分点；通过仲裁解决纠纷 1.82 万件，占比 7.6%，比 2018 年提高 0.25 个百分点。

在调解纠纷中，由村民委员会调解 12.77 万件，占比 57.77%；由乡镇人民政府调解 9.33 万件，占比 42.23%。

在仲裁纠纷处理中，通过和解或调解方式解决 1.44 万件，占比 79.2%；通过仲裁裁决 3 784 件，占比 20.8%。

2019 年农村集体经济组织收支情况

——2019 年农村政策与改革情况统计分析报告之二

根据对全国 31 个省（自治区、直辖市）农村政策与改革统计年报数据汇总结果分析，2019 年农村集体经济组织收支情况如下。

一、村集体收入保持平稳增长，村均收入超过 100 万元

2019 年，全国农村集体经济组织总收入 5 683.39 亿元，村均 102.52 万元，比 2018 年增长 13.8%。从收入来源看，经营性收入占比继续下降，投资收益增幅最大。经营性收入 1 770.61 亿元，占总收入的 31.2%，村均 31.9 万元，仍居各项收入之首，但占比同比下降 1.1 个百分点；各级财政补助收入 1 488.76 亿元，占总收入的 26.2%，村均 26.8 万元，比 2018 年增长 19.4%；发包及上交收入 869.05 亿元，占总收入的 15.3%，村均 15.7 万元，比 2018 年增长 7.6%；投资收益 200.77 亿元，占总收入的 3.5%，村均 3.6 万元，比 2018 年增长 32.7%；其他收入 1 354.2 亿元，占总收入的 23.8%，村均 24.2 万元，比 2018 年增长 21.1%。从区域分布看，2019 年，东、中、西部地区农村集体经济组织总收入分别为 3 742.40 亿元、1 202.46 亿元、738.53 亿元，村均分布为 164.5 万元、

70.5 万元、47.2 万元。从各地获得财政补助收入情况看，东、中、西部地区获得补助收入分别为 747.5 亿元、476.7 亿元、264.5 亿元，村均分别为 32.8 万元、28.0 万元、16.9 万元。

二、村集体支出稳定增长，增幅超过 10%

2019 年，全国农村集体经济组织总支出 3 662.8 亿元，村均 66.1 万元，比 2018 年增长 13.7%。从支出用途看，经营支出 829.8 亿元，村均 15.0 万元，与 2018 年基本持平，占村均支出的 22.7%；管理费用 1 151.1 亿元，村均 20.8 万元，比 2018 年增长 12.1%，占村均支出的 31.4%；其他支出 1 682.0 亿元，村均 30.3 万元，比 2018 年增长 22.7%，占村均支出的 45.9%。从管理费用构成看，干部报酬 449.0 亿元，村均 8.1 万元，比 2018 年增长 8.1%，占村均管理费用的 39.0%；订阅报刊费 14.2 亿元，村均 0.3 万元，比 2018 年增长 0.2%，占村均管理费用的 1.2%。分地区看，2019 年，东、中、西部地区总支出分别为 2 212.8 亿元、935.2 亿元、514.8 亿元，总额比为 4.3∶1.8∶1。

三、经营收益 5 万元以上的村占比超过 43.3%

截至 2019 年底，农村集体经济组织本年实现和上年结转的可分配收益总额为 2 801.76 亿元，村均 50.5 万元，比 2018 年增长 19.9%，其中，本年收益 2 020.53 亿元，村均 36.5 万元，比 2018 年增长 19.4%。全部统计的 55.4 万个村中，"空壳村"① 有

---

① "空壳村"指村集体经济组织没有经营收益或经营收益在 5 万元以下的村。

32.0 万个，比 2018 年减少 2.7 万个，占总村数的 57.7%，占比较 2018 年下降 6.0 个百分点；经营收益 5 万元以上的村 23.5 万个，比 2018 年增长 6.0%，占总村数的 43.3%，比 2018 年提高 6.0 个百分点。

四、村级公共服务投入增长明显

2019 年，农村集体经济组织利用自有资金进行扩大再生产和公共服务方面的投入总额为 1 887.48 亿元，村均 34.1 万元，其中，扩大再生产支出 246.29 亿元，村均 4.4 万元，比 2018 年增长 31.5%；村级公益性基础设施建设投入资金 1 424.40 亿元，村均 25.7 万元，比 2018 年增长 14.5%；公共服务支出 216.80 亿元，村均 3.9 万元，比 2018 年增长 16.1%。统计显示，各级财政扶持的村级公益性基础设施建设资金 958.99 亿元，比 2018 年增长 19.9%，其中一事一议财政奖补资金 322.11 亿元，比 2018 年增长 81.5%。

2019 年农村集体经济组织资产情况

——2019 年农村政策与改革情况统计分析报告之三

根据对全国 31 个省（自治区、直辖市）农村政策与改革统计年报数据汇总结果分析，2019 年全国村级集体经济组织资产负债情况如下。

一、集体资产总额持续增长，地区差异仍较显著

截至 2019 年底，全国村级农村集体资产（不包括土地等资源性资产）总额[①] 5.07 万亿元，汇总村数 58.4 万个，村均 868.3 万元，比 2018 年增长 19.3%。从资产构成看，各类资产占比基本保持稳定。流动资产 2.06 万亿元，占资产总额的 40.7%，村均 353.3 万元，比 2018 年增长 14.3%；农业资产 885.17 亿元，占资产总额的 1.7%，村均 15.2 万元，同比增长 83.2%；长期资产 2.92 万亿元，占资产总额的 57.6%，村均 499.8 万元，同比增长 21.9%。分地区看，东部地区资产规模占比较大。东部地区资产总额 3.37 万亿元，占资产总额的 66.5%，村均 1 414.0 万元；中部地区资产总额 9 030.26 亿元，

[①] 本报告中村级农村集体资产统计口径与农村集体资产清产核资统计口径不同，有的省包括组级集体经济组织，有的省未包括所属全资企业。

占资产总额的 17.8%，村均 504.4 万元；西部地区资产总额 7 928.62 亿元，占资产总额的 15.6%，村均 477.3 万元，东、中、西部农村集体资产总额比为 4.25∶1.14∶1。分省看，广东、浙江、山东、北京、江苏 5 省市农村集体资产总额均在 3 000 亿元以上，合计达到 2.7 万亿元，占全国农村集体资产总额的 53.4%，村均 1 767.0 万元；其他各省区市集体资产总额 2.4 万亿元，村均资产仅 548.4 万元。

二、资产负债率基本保持稳定，短期应付款占负债比重 75%

截至 2019 年底，全国村级集体经济组织负债总额达 1.80 万亿元，村均 308.4 万元，比 2018 年增长 11.5%，村均资产负债率 35.5%，较 2018 年下降 2.5 个百分点。从负债构成看，短期应付款项 1.35 万亿元，村均 231.6 万元，占村均负债的 75.1%，较 2018 年增长了 2.4 个百分点；短期借款、长期借款及应付款项共计 4 040.73 亿元，村均 69.3 万元，占村均负债的 22.5%，较 2018 年下降了 2.5 个百分点；应付工资和应付福利费 253.6 亿元，村均 4.4 万元，占村均负债的 1.4%，较 2018 年增长 0.09 个百分点；向成员筹集但尚未投入的一事一议资金 184.3 元，村均 3.1 万元，占村均负债的 1.0%，与 2018 年基本增长 14.1%。

三、净资产继续较快增长，村均账面净资产近 560 万元

截至 2019 年底，全国村级集体经济组织净资产（所有者权

益）3.27 万亿元，比 2018 年增加 6 368.1 亿元，占总资产的 64.5%，村均 559.9 万元，比 2018 年增长 24.2%。净资产增长主要来源于当年收益、留归村集体的土地征占补偿费和当年筹集的一事一议资金等。

2019 年农村集体产权制度改革情况

——2019 年农村政策与改革情况统计分析报告之四

根据对全国 31 个省（自治区、直辖市）农村政策与改革统计年报数据汇总结果分析，2019 年农村集体产权制度改情况如下。

一、完成产权制度改革的村组有较大增幅

截至 2019 年底，全国以村为单位完成产权制度改革的村 36.8 万个，比 2018 年增长 141.1%，占全国总村数 63.2%，比 2018 年提高 37.0 个百分点；以组为单位完成产权制度改革的村民小组 22.56 万个，比 2018 年增长 252.0%，占村民小组总数的 4.7%。分地区看，东部地区完成产权制度改革的村占比最大。东、中、西部地区各有 19.97 万个、11.92 万个、4.96 万个村完成产权制度改革，分别占各地区村数的 83.8%、66.6% 和 29.9%，占全国完成产权制度改革村数的 54.2%、32.3% 和 13.5%。其中，山东、河南、河北、浙江 4 省完成产权制度改革的村数超过 2 万个，占全国完成村数的 52.7%。东、中、西部地区完成产权制度改革的组分别为 3.25 万、1.72 万和 17.6 万个，分别占各地区村民小组的 2.0%，1.0% 和 12.5%，占全国完成组数的 14.4%、7.6%、78.0%。其中，四川、重庆、

广西、广东、云南、山西 6 省（自治区、直辖市）完成产权制度改革的组数超过 1 万个，占全国完成组数的 87.9%。

二、村级改革时点量化资产总额超过 1.6 万亿元，其中经营性资产过半

截至 2019 年底，已完成产权制度改革的村量化资产总额为 1.65 万亿元（其中经营性资产 0.9 万亿元），比 2018 年增长 58.6%，村均 446.8 万元；完成产权制度改革的组量化资产总额为 2 273.1 亿元（其中经营性资产 1 315.2 亿元），比 2018 年增长 101.3%，组均 100.7 万元。村组两级量化资产总额占全国农村集体资产总额的 37.0%。分地区看，东、中、西部地区完成产权制度改革的村量化资产总额分别为 1.13 万亿元、3 350.63 亿元、1 785.66 亿元，村均量化资产总额分别为 567.3 万元、281.0 元、359.9 万元。东、中、西地区的村量化经营性资产总额分别为 6 305.33 元、1 897.06 万元、794.99 万元，村均量化经营性资产总额分别为 315.7 万元、159.1 万元、160.2 万元。

三、村级成员股东占比超过 80%，股东人均分红 364 元

截至 2019 年底，完成集体产权制度改革的村设立股东 6.66 亿人（个），比 2018 年增长 173.3%。其中，集体股东 453.12 万个、成员股东 5.6 亿人，分别占股东总数的 6.8% 和 84.6%。完成集体产权制度改革的组设立股东 3 754.87 万人（个），其中，集体股东 14.0 万个、成员股东 3 677.4 万人，分别占股东总数

的 0.4% 和 97.9%。完成产权制度改革的村累计股金分红达 2 427.62 亿元，当年股金分红为 350.78 亿元，平均每个股东累计分红 364.3 元。

2019 年农业农村部门名录管理家庭农场发展情况①

——2019 年农村政策与改革统计分析报告之五

根据对全国 31 个省（自治区、直辖市）农村政策与改革统计年报数据汇总分析，2019 年农业农村部门名录管理家庭农场情况如下。

一、家庭农场总量持续增长

截至 2019 年底，全国农业农村部门名录管理家庭农场达 85.3 万个，比 2018 年底最终统计数据 64.3 万个增加 21 万个，同比增长 32.6％。其中有 11.7 万个家庭农场被县级及以上农业农村部门评定为示范家庭农场，同比增长 28.3％，占家庭农场总数的 13.7％。从家庭农场数量分布来看，有 1 万个以下家庭农场的有 11 个省份，有 1 万～5 万个、5 万～10 万个的各有 14 个、4 个省份。家庭农场数量超过 10 万个的有 2 个省，分别是四川和安徽。按照家庭农场数量排列，排名前 6 位的省份依次是四川、安徽、山东、湖南、江苏、黑龙江，家庭农场合计数达 45.4 万个，占全国家庭农场总数的 53.2％。从家庭农场的劳动

---

① 注：2019 年家庭农场发展情况部分指标统计口径较以前做了进一步完善和调整。

力情况看，平均每个家庭农场劳动力 5.1 人，其中家庭成员 3.4 人，常年雇工 1.7 人。

二、各类家庭农场均实现良好发展

按行业划分，从事种植业的家庭农场 53.3 万个，占家庭农场总数 62.5%。其中，从事粮食生产的 30.0 万个，占种植业家庭农场总数 56.2%，占全部家庭农场总数的 35.1%。从事畜牧业的家庭农场 14.8 万个，占家庭农场总数的 17.3%。其中，从事生猪产业的家庭农场 5.3 万个，占畜牧业家庭农场总数的 35.8%，占全部家庭农场总数 6.2%。从事渔业、种养结合、其他类型的家庭农场分别为 3.8 万个、10 万个、3.4 万个，分别占家庭农场总数的 4.5%、11.7%、4.0%。

三、家庭农场经营耕地近七成来自流转

家庭农场经营耕地 9 524.1 万亩，平均每个家庭农场[①]经营耕地在 150 亩左右。从事粮食生产的家庭农场，耕地经营规模在 50～100 亩的占 43.0%；100～200 亩的占 29.0%；200～500 亩的占 21.9%；500 亩以上的占 6.1%。从经营耕地的来源看，家庭承包经营的耕地面积 2 072.3 万亩，占总耕地面积的 21.8%；流转经营的耕地面积 6 584.5 万亩，占总耕地面积的 69.1%，以其他承包方式经营的耕地面积 867.3 万亩，占总耕地面积的 9.1%。

---

① 耕地主要来自种植业家庭农场和种养结合类家庭农场。

四、家庭农场平均毛收益 14.3 万元

2019 年，各类家庭农场年销售农产品总值 2 243.9 亿元；平均每个家庭农场 26.3 万元。其中，年销售总值在 10 万元以下的家庭农场 38.3 万个，占家庭农场总数的 44.8%；10 万～30 万元的 26.5 万个，占 31.1%；30 万～50 万元的 12.1 万个，占 14.1%；50 万元以上的 8.5 万个，占 10.0%。各类家庭农场购买农业生产投入品总值 1 020.2 亿元，平均每个家庭农场 12.0 万元。如果不考虑农业机械等固定资产的折旧因素以及土地流转和人工成本，平均每个家庭农场毛收益[①]14.3 万元。

五、家庭农场融资情况持续改善

截至 2019 年底，获得贷款支持的家庭农场有 4.1 万个，占家庭农场总数 4.8%。其中，贷款金额在 20 万元以下的家庭农场有 2.6 万个，占 63.6%；20 万～50 万元以下的有 1.1 万个，占 27.5%；50 万元以上的有 3 676 个，占 8.9%。贷款扶持资金总额 84.6 亿元，平均每个获得贷款支持的家庭农场获得贷款资金 20.4 万元。同时，各级财政加大了对家庭农场的支持力度，支持家庭农场加强基础设施建设、获得社会化服务、参加各类培训等，取得良好的效果。

---

① 在不考虑固定资产折旧、土地流转、人工工资等成本的情况下，每个家庭农场毛收益额≈（销售农产品总值—购买生产投入品总值）/家庭农场数量。

附录

主要指标解释

一、农村经济基本情况统计表

1. 汇总乡镇数：指按本统计调查制度要求，填报农村集体经济收益分配统计报表的乡镇、街道办事处或其他乡镇级单位个数。乡镇级单位是指经省（自治区、直辖市）人民政府批准设立在农村的乡镇一级行政区划单位。除县城关镇、城市街道办事处和工矿区以外的所有乡镇都应纳入统计范围，有农村经济的县城关镇、街道办事处也应纳入。大中城市以农业为主的郊区也应按建制纳入统计范围。

2. 汇总村数：指有关经济情况汇入到农村集体经济收益分配统计表中的行政村数，其统计口径与原来汇总村民委员会数相同。所有成立村民委员会的村、或由村民委员会改为居民委员会（社区委员会）的村，只要还存在农业经济、存在纳入农村集体资产管理范围的集体资产，都应纳入统计范围。

3. 村集体经济组织数：指在行政村一级为管理、协调行政村范围内的农村集体土地资源和其他集体资产的开发、经营，并为农户家庭经营提供服务而设立的集体经济组织数。依据《宪法》《民法通则》《农业法》等相关法律和有关政策精神，行政村范围内应当设立相应的集体经济组织。有些地方设立了村集体经济组织，还有些地方尚没有设立，由村民委员会代行村集体经济组织职能。村集体经济组织有的地方称为经济联合社，有的经过改制成立股份经济联合社，也有的改制成立了名称不一的"公司"；有的地方村集体经济组织的负责人与村党支部、村民委员会成员交叉任职，只要有相应的集体经济组织名称就应纳入统计范围。乡镇一级成立的集体经济组织、村以下村民小组（原生产队）一级成立的集体经济组织、村内部分村民小组联合成立的集体经济组织不在本指标统计范围内。

4. 村委会代行村集体经济组织职能的村数：指在汇总村数中，没有明确设立村集体经济组织，由村民委员会代行管理、协调行政村范围内的农村集体土地资源和其他集体资产的开发、经营以及为农户家庭经营提供服务等集体经济组织有关职能的村数。

5. 汇总村民小组数：指汇总的行政村所属的村民小组个数。

6. 组集体经济组织数：指在村民小组一级成立的为管理、协调本组范围内的集体土地资源和其他集体资产的开发、经营，以及为农户家庭经营提供服务的经济社（经济合作社）、股份合作社等相应名称的集体经济组织数，不包括村内部分村民小组联合成立的集体经济组织。没有相应的集体经济组织名称，由村民小组代行组集体经济组织职能的，不纳入本指标统计范围。由于极少数地方存在村民小组与原生产队范围不一致的情况，填报时要注意该指标的口径范围，原生产队与村民小组范围不一致，则以原生产队范围组建的集体经济组织不在统计范围；如果两个以上的原生产队与村民小组范围一致，则该村民小组合并原生产队组建的集体经济组织或者联合原生产队组建的集体经济组织纳入该统计范围。

7. 汇总农户数：指在汇总村中与村集体有明确权利、义务关系的，户口在农村的常住户数。不包括在乡村地区内国家所有的机关、团体、学校、企业、事业单位的集体户。

8. 汇总人口数：指汇总农户中户口在农村的常住人口数。

9. 汇总劳动力数：指汇总的整劳动力数和半劳动力数之和。整劳动力指男子 18～50 周岁，女子 18～45 周岁；半劳动力指男子 16～17 周岁及 51～60 周岁，女子 16～17 周岁及 46～55 周岁，同时具有劳动能力的人。虽然在劳动年龄之内，但已丧失劳动能力的人，不应算为劳动力；超过劳动年龄，但能经常参加劳动，计入半劳动力数内。

10. 从事家庭经营（劳动力数）：指年内 6 个月以上的时间在本乡镇内从事家庭经营的劳动力数。包括从事农业和非农产业经营的劳动力数。家庭经营指以农户家庭为基本经营单位，完全或主要依靠家庭成员自己的劳动，凭借自有或与他人合有以及承包集体的生产资料（主要是土地等）直接组织生产和经营，包括农户自营、承包经营、个体工商户和农村私营企业经营，但以农户或个人名义承包集体企业的不属于家庭经营范围。

11. 从事第一产业（劳动力数）：指在家庭经营中，从事农林牧渔业生产活动的劳动力。

12. 外出务工劳动力：指年度内离开本乡镇到外地从业，全年累计达 3 个月以上的农村劳动力。

13. 常年外出务工劳动力：指在外出劳动力中，全年累计在外劳动时间超过 6 个月的劳动力数量。

14. 乡外县内（外出劳动力）：指在常年外出劳动力中，在本乡镇外、所属县内从业的劳动力数量。

15. 县外省内（外出劳动力）：指在常年外出劳动力中，在本县外、所属省内从业的劳动力数量。

16. 省外（外出劳动力）：指在常年外出劳动力中，在本省外从业的劳动力数量。

17. 集体所有的农用地总面积：指农村集体所有的土地中实际用于农业用途的面积，即农林牧渔用地面积。

18. 耕地（面积）：指经过开垦用以种植农作物并经常进行耕种的田地。包括种有作物的土地面积、休闲地、新开荒地和抛荒未满 3 年的土地面积。

19.（耕地）归村所有的面积：指耕地中归行政村（原生产大队）一级农民集体所有的面积。

20.（耕地）归组所有的面积：指耕地中归村民小组（原生产队）一级农民集体所有的面积。

21. 园地（面积）：指成片种植果树、桑树、茶树的土地。

22.（园地）家庭承包经营面积：指依据《农村土地承包法》实行集体经济组织农户家庭承包经营的耕地、园地面积中，截止统计调查期末用于种植果树、桑树、茶树的土地面积。

23. 林地（面积）：指生长乔木、竹类、灌木、沿海红树林等种植林木的面积。

24.（林地）家庭承包经营面积：指按照中共中央、国务院

《关于全面推进集体林权制度改革的意见》，对集体林地的承包经营权和林木所有权，通过家庭经营承包方式落实到本集体经济组织农户的林地面积。

25. 草地（面积）：指牧区和农区用于放牧牲畜或割草，植被覆盖度在5％以上的草原、草坡、草山等面积。包括天然的和人工种植或改良的草地面积。

26.（草地）家庭承包经营面积：指按照《草原法》和有关草原承包政策实行集体经济组织农户家庭承包经营的草地面积。

27. 水面（面积）：指用于渔业养殖的水域、滩涂的面积。

28.（水面）家庭承包经营面积：指实行集体经济组织的农户家庭承包经营的养殖水面面积，不包括招标、拍卖、公开协商等方式承包的养殖水面面积。

29. 其他（面积）：指在土地总面积中，除耕地、园地、林地、草地、养殖水面之外的面积，如工厂化作物栽培的生产设施用地及其相应附属用地，农村宅基地以外的养殖畜禽场地、晒谷场等农业设施用地。

30. 经营耕地10亩以下的农户数：指经营耕地在10亩以下（不含10亩）的农户数。其他农户经营耕地规模的指标以此类推，如经营耕地10～30亩的农户数，包含10亩但不包含30亩。

二、农村土地承包经营及管理情况统计表

1. 家庭承包经营的耕地面积：指按照延长土地承包期30年不变的政策，农村集体经济组织农户以家庭承包方式承包农村集体所有或国家所有由农民集体使用的耕地面积，包括第二轮延长

土地承包期时实行家庭承包经营的耕地面积和园地面积。该指标是为了反映农村土地承包政策的落实情况。由于二轮农村土地延包时许多地方将园地也实行了家庭承包，因此将这部分面积也纳入家庭承包经营的耕地面积进行统计，其统计口径与农村经济基本情况统计表中的耕地面积不同。

2. 家庭承包经营的农户数：指按照延长土地承包期30年不变的政策，以家庭承包方式承包农村集体所有或国家所有由农民集体使用的土地的农户数量。

3. 家庭承包合同份数：指采用家庭承包方式，发包方与承包方签订的土地承包合同份数。

4. 颁发土地承包经营权证份数：指依据中共中央办公厅、国务院办公厅《关于进一步稳定和完善农村土地承包关系的通知》、《中华人民共和国农村土地承包法》以及《中华人民共和国农村土地承包经营权证管理办法》的规定，由省级人民政府农业行政主管部门统一组织印制，并加盖县级以上地方人民政府印章，向承包农户家庭颁发的农村土地承包经营权证书的份数。个别省（自治区、直辖市）向农民颁发的由乡级人民政府盖章的土地承包经营权证，也在统计之列，但需结合换发新证逐步规范。既包括向以家庭承包方式承包土地的农户家庭颁发的土地承包经营权证，也包括以其他方式承包，经依法登记，由县级以上地方人民政府颁发的土地承包经营权证。

5. 以其他方式承包颁发的（土地承包经营权证份数）：指不宜采取家庭承包方式的荒山、荒沟、荒丘、荒滩等农村土地，通过招标、拍卖、公开协商等方式承包的，经依法登记取得的农村土地承包经营权证的份数。

6. 机动地面积： 指农村集体经济组织以农户家庭承包方式统一组织承包耕地时，预留的用于解决人地矛盾的耕地面积。新开发或土地整理新增加的耕地没有承包到户的、承包方依法自愿交回的耕地，也应纳入机动地统计。

7. 家庭承包耕地流转总面积： 指以家庭承包方式承包土地的农户，按照依法、自愿、有偿原则通过出租（转包）、转让、互换、股份等方式，将其家庭承包经营的耕地流转给其他经营者的面积总和。

8. 出租（转包）（面积）： 指农户家庭承包耕地流转面积中，承包农户将所承包的土地全部或部分租赁给他人从事农业生产的耕地面积。

9. 出租给本乡镇以外人口或单位的（面积）： 指农户家庭承包耕地流转面积中，承包农户将所承包的土地全部或部分租赁给户籍或注册登记不在本乡镇的人口或单位，从事农业生产的耕地面积。

10. 转让（面积）： 指农户家庭承包耕地流转面积中，承包农户经发包方同意将承包期内部分或全部土地承包经营权让渡给第三方，由第三方履行相应土地承包合同权利和义务的耕地面积。转让后原土地承包关系自行终止，原承包户承包期内的土地承包经营权部分或全部失去。

11. 互换（面积）： 指承包方之间为各自需要和便于耕种管理，对属于同一集体经济组织的承包地块进行交换的面积，同时交换相应的土地承包经营权。互换双方的面积均统计在内，如：

甲以 3 亩与乙的 2 亩互换，即统计为 5 亩。但明确约定不互换土地承包经营权，只交换耕作的，不列入统计。

12. 入股（面积）：指农户家庭承包耕地流转面积中，承包农户将承包土地经营权作价出资，并从事农业生产经营活动的耕地面积。

13. 耕地入股合作社的面积：指农户家庭承包耕地流转面积中，承包农户将承包土地经营权量化为股权，入股农民专业合作社的耕地面积。

14. 其他形式（流转面积）：指农户家庭承包耕地流转面积中，除采取出租（转包）、转让、互换、入股以外的其他方式流转的耕地面积。

15. 流转用于种植粮食作物的面积：指流转用于种植谷类、豆类、薯类等粮食作物的耕地面积。

16. 签订耕地流转合同份数：指以家庭承包方式承包耕地的农户流转承包耕地经营权时，与受让方签订的承包耕地经营权流转合同份数。

17. 仲裁委员会数：指按照《农村土地承包经营纠纷调解仲裁法》设立的农村土地承包仲裁委员会个数。

18. 仲裁委员会人员数：指按照《农村土地承包经营纠纷调解仲裁法》设立的仲裁委员会的组成人员数。

19. 农民委员人数：指仲裁委员会组成人员中，农民代表人数。

20. 聘任仲裁员数：指仲裁委员会依法聘任的专门从事农村土地承包经营纠纷仲裁工作的人员数。

21. 仲裁委员会日常工作机构人数：指依法承担仲裁委员会日常工作的机构的人数。日常工作机构一般由当地农村土地承包管理部门承担，由其他部门承担或单独设立的也应纳入统计范围。

22. 专职人员数：指日常工作机构中专门从事仲裁委员会日常工作的人员数。

23. 受理土地承包及流转纠纷总量：指村民委员会、乡镇人民政府和农村土地承包仲裁委员会受理的农村土地承包经营纠纷数量。

24. 土地承包纠纷数：指因订立、履行、变更、解除和终止农村土地承包合同和因收回、调整承包地以及因确认农村土地承包经营权发生的纠纷数量。

25. 土地流转纠纷数：指因农村土地承包经营权出租（转包）、互换、转让、入股等流转发生的纠纷数量。

26. 其他纠纷数：指土地承包纠纷、土地流转纠纷以外的农村土地承包经营纠纷数量。包括因侵害农村土地承包经营权发生的纠纷和法律、法规规定的其他农村土地承包经营纠纷等。

27. 调处纠纷总数：指村民委员会、乡镇人民政府和农村土地承包仲裁委员会已经调解和仲裁的纠纷数量。

28. 调解纠纷数：指村民委员会、乡镇人民政府调解处理的纠纷数量。

29. 仲裁纠纷数：指农村土地承包仲裁委员会和解或调解、仲裁裁决的纠纷数量。

30. 当年征收征用集体土地面积：指当年各级人民政府实际

征收征用农民集体所有的土地的面积。

31. （征收征用）涉及农户承包耕地面积：指当年各级人民政府实际征收征用农民集体所有的土地中农户承包的耕地面积。

32. 涉及农户数：指当年各级人民政府实际征收征用农户承包耕地涉及的农户数量。

33. 涉及人口数：指当年各级人民政府实际征收征用农户承包耕地涉及的承包农户家庭人口数量。

34. 当年获得土地补偿费总额：指农村集体经济组织和农民因国家征收征用农村集体土地而得到的土地补偿费、安置补助费、青苗补偿费和地上附着物补偿费总额。

35. 留作集体公积公益金的（补偿费）：指当年各级政府征收征用农民集体所有的土地，支付给农村集体经济组织的补偿费中，留作集体积累的部分。不包括应分配给农户由村组织暂收尚未分配给农户的补偿费（包括地上附着物补偿费、青苗补偿费）。

36. 分配给农户的（补偿费）：指当年农村集体经济组织的农户因各级政府征收征用农村集体所有的土地而得到的补偿费总额，包括土地补偿费、安置补助费、青苗补偿费和地上附着物补偿费。

三、村集体经济组织收益分配统计表

1. 经营收入：指村集体经济组织进行各项生产、服务等经营活动取得的收入。本指标应根据"经营收入"科目的本年发生额分析填列。

2. 发包及上交收入：指村集体经济组织取得的农户和其他单位上交的承包金及村（组）办企业上交的利润等。本指标应根据"发包及上交收入"科目的本年发生额分析填列。

3. 投资收益：指村集体经济组织对外投资取得的收益。本指标应根据"投资收益"科目的本年发生额分析填列；如为投资损失，以"—"号填列。

4. 补助收入：指村集体经济组织获得的财政等有关部门的补助资金。本指标应根据"补助收入"科目的本年发生额分析填列。

5. 其他收入：指村集体经济组织与经营管理活动无直接关系的各项收入。本指标应根据"其他收入"科目的本年发生额分析填列。

6. 经营支出：指村集体经济组织因销售商品、农产品、对外提供劳务等活动而发生的支出。本指标应根据"经营支出"科目的本年发生额分析填列。

7. 管理费用：指村集体经济组织管理活动发生的各项支出。本指标应根据"管理费用"科目的本年发生额分析填列。

8. 干部报酬：指村集体经济组织年度内用于本村行政管理干部的补助款。本指标应根据"管理费用"科目有关明细科目的本年发生额分析填列。

9. 报刊费：指村集体经济组织年度内用于订阅报刊杂志发生的费用。本指标应根据"管理费用"科目有关明细科目的本年发生额分析填列。

10. 其他支出：指村集体经济组织与经营管理活动无直接关

系的各项支出。本指标应根据"其他支出"科目的本年发生额分析填列。

11. 本年收益：指村集体经济组织本年实现的收益总额。如总额亏损，本项目数字以"－"号填列。

12. 年初未分配收益：指村集体经济组织上年度未分配的收益。本指标应根据上年度收益及收益分配表中的"年末未分配收益"数额填列。如为未弥补的亏损，本项目数字以"－"号填列。

13. 其他转入：指村集体经济组织按规定用公积公益金弥补亏损等转入的数额。

14. 可分配收益：指村集体经济组织年末可分配的收益总额。本指标应根据"本年收益"项目、"年初未分配收益"项目和"其他转入"项目的合计数填列。村集体经济组织进行的各项收益分配具体包括下列几项：

（1）提取公积金、公益金：指村集体经济组织当年提取的公积金、公益金。

（2）提取应付福利费：指村集体经济组织当年提取的用于集体福利、文教、卫生等方面的福利费（不包括兴建集体福利等公益设施支出），包括照顾烈军属、五保户、困难户的支出，计划生育支出，农民因公伤亡的医药费、生活补助及抚恤金等。

（3）外来投资分利：指村集体经济组织向外来投资者的分利。

（4）农户分配：指村集体经济组织向所属成员分配的款项。

（5）其他分配：指除上述分配项目以外的其他分配项目。

15. 年末未分配收益：指村集体经济组织年末累计未分配的收益。本指标应根据"可分配收益"项目扣除各项分配数额的差额填列。如为未弥补的亏损，本项目数字以"－"号填列。

16. 汇入本表村数：指本统计表统计的村数。

17. 当年有经营收益的村：集体经营收益是指村集体经济组织经营收入、发包及上交收入、投资收益之和，减去经营支出和管理费用后的差额。其计算方法为：经营收入＋发包及上交收入＋投资收益－经营支出－管理费用＝集体经营收益。其计算结果为零或小于零的村，统计为无经营收益的村。其计算结果大于零的村，统计为有经营收益的村，具体划分以下几组：

（1）5 万元以下的村：指村集体经济组织当年集体经营收益不足 5 万元的村。

（2）5 万~10 万元的村：指村集体经济组织当年集体经营收益在 5 万元以上，不足 10 万元（包括 5 万元、不包括 10 万元）的村。其他依次类推。

（3）100 万元以上的村：指村集体经济组织当年集体经营收益超过 100 万元的村。

18. 当年扩大再生产支出：指村集体经济组织为扩大生产规模当年发生的支出。包括为扩大生产规模新购建、改扩建固定资产的支出和追加流动资金的支出。不包括为维持原生产规模发生的固定资产更新改造支出。

19. 当年公益性基础设施建设投入：指当年村集体经济组织利用自有资金、一事一议资金和财政资金等兴修村内道路、水利、电力、文化、卫生、体育、教育等公益性设施投入。应从村集体经济组织资产及支出类帐户中分析填列。

20.（当年）获得一事一议奖补资金：指在一事一议筹资筹劳的基础上，中央和地方财政为鼓励村民筹资筹劳建设村级公益事业而给予的奖补资金。

21. 当年村组织支付的公共服务费用：指当年村组织用自有资金支付的公共卫生（如垃圾处理、防疫）、教育、计划生育、优抚、五保户供养、消防、治安、公益设施维护和应对突发公共事件而发生的劳务费用、优抚和供养资金、材料费、运输费等，但不包括村组织的管理费用。

22. 农村集体建设用地出租出让宗数：指本年度发生的农村集体经济组织出租、出让农村集体建设用地使用权的次数。

出租，是指农村集体经济组织将农村集体建设用地使用权以一定期限租赁给使用者使用，并收取租金的行为。

出让，是指农村集体经济组织将农村集体建设用地使用权在一定期限内让与土地使用者，由土地使用者向农村集体经济组织支付土地使用权出让金的行为，包括协议、招标、拍卖、挂牌出让等。

农村集体经济组织将农民集体所有的厂房、店铺等地上建筑设施连同农村集体建设用地使用权一并出租出让时，按农村集体建设用地使用权出租出让宗数统计。

23. 农村集体建设用地出租出让面积：指本年度发生的农村集体经济组织出租、出让农村集体建设用地使用权的土地面积。

农村集体经济组织将农民集体所有的厂房、店铺等地上建筑设施连同农村集体建设用地使用权一并出租出让时，按农村集体建设用地使用权统计出租出让面积。

24. 农村集体建设用地出租出让收入：指本年度农村集体经济组织出租出让农村集体建设用地使用权的成交价总额。出租，以报告期实际收入为准；出让，以签定的合同金额为准。

农村集体经济组织将农民集体所有的厂房、店铺等地上建筑设施连同农村集体建设用地使用权一并出租出让时，一并统计为农村集体建设用地使用权出租出让收入。

四、村集体经济组织资产负债情况统计表

1. 流动资产：指村集体经济组织所有的流动资产，包括现金、银行存款、短期投资、应收款项、存货等。

2. 货币资金：指村集体经济组织的库存现金、银行存款等货币资金。本指标应根据"现金""银行存款"科目的年末余额合计填列。

3. 短期投资：指村集体经济组织购入的各种能随时变现并且持有时间不超过1年（含1年）的有价证券等投资。本指标应根据"短期投资"科目的年末余额填列。

4. 应收款项：指村集体经济组织应收而未收回和暂付的各种款项。本指标应根据"应收款"科目年末余额和"内部往来"各明细科目年末借方余额合计数合计填列。

5. 存货：指村集体经济组织年末在库、在途和在加工中的各项存货，包括各种原材料、农用材料、农产品、工业产成品等物资、在产品等。本指标应根据"库存物资""生产（劳务）成

本"科目年末余额合计填列。

6. 农业资产：指村集体经济组织的牲畜（禽）资产和林木资产等。

7. 牲畜（禽）资产：指村集体经济组织购入或培育的幼畜及育肥畜和产役畜的账面余额。本指标应根据"牲畜（禽）资产"科目的年末余额填列。

8. 林木资产：指村集体经济组织购入或营造的林木账面余额。本指标应根据"林木资产"科目的年末余额填列。

9. 长期投资：指村集体经济组织不准备在 1 年内（不含 1 年）变现的投资。本指标应根据"长期投资"科目的年末余额填列。

10. 固定资产：指村集体经济组织的房屋、建筑物、机器设备、工具器具和农业基础设施等劳动资料，凡使用年限在 1 年以上，单位价值在 500 元以上的列为固定资产。有些主要生产工具和设备，单位价值虽低于规定标准，但使用年限在 1 年以上的，也可列为固定资产。

应注意，统计表中的"固定资产"指标既不是固定资产的原值，也不是固定资产的净值，它是反映所有已购建、在建和清理中固定资产价值的一个综合指标。其计算公式为：固定资产合计＝固定资产净值＋固定资产清理＋在建工程。

11. 固定资产原值：指村集体经济组织各种固定资产的原始价值。本指标应根据"固定资产"科目的年末余额填列。

12. 固定资产累计折旧：指村集体经济组织各种固定资产的累计折旧。本指标应根据"累计折旧"科目的年末余额填列。

13. 固定资产净值：指村集体经济组织所有固定资产的实际价值，即固定资产原值减去累计折旧余额后的差额。

14. 固定资产清理：指村集体经济组织因出售、报废、毁损等原因转入清理但尚未清理完毕的固定资产的账面净值，以及固定资产清理过程中所发生的清理费用和变价收入等各项金额的差额。本指标应根据"固定资产清理"科目的年末借方余额填列；如为贷方余额，本项目数字应以"－"号表示。

15. 在建工程：指村集体经济组织各项尚未完工或虽已完工但尚未办理竣工决算的工程项目的实际成本。本指标应根据"在建工程"科目的年末余额填列。

16. 其他资产：指村集体经济组织所有的，不属于流动资产、农业资产、长期投资、固定资产的其他资产，如无形资产等。本指标应根据"无形资产"等有关科目的年末余额填列。

17. 流动负债：指村集体经济组织偿还期在 1 年以内（含 1 年）的债务，包括短期借款、应付款项、应付工资、应付福利费等。

18. 短期借款：指村集体经济组织借入尚未归还的 1 年期以下（含 1 年）的借款。本指标应根据"短期借款"科目的年末余额填列。

19. 应付款项：指村集体经济组织应付而未付及暂收的各种款项。本指标应根据"应付款"科目年末余额和"内部往来"各明细科目年末贷方余额合计数合计填列。

20. 应付工资：指村集体经济组织已提取但尚未支付的职工工资。本指标应根据"应付工资"科目年末余额填列。

21. 应付福利费：指村集体经济组织已提取但尚未使用的福利费金额。本指标应根据"应付福利费"科目年末贷方余额填列；如为借方余额，本项目数字应以"一"号表示。

22. 长期负债：指村集体经济组织偿还期超过 1 年（不含 1 年）的债务，包括长期借款及应付款、一事一议资金等。

23. 长期借款及应付款：指村集体经济组织借入尚未归还的 1 年期以上（不含 1 年）的借款以及偿还期在 1 年以上（不含 1 年）的应付未付款项。本指标应根据"长期借款及应付款"科目年末余额填列。

24. 一事一议资金：指村集体经济组织应当用于一事一议专项工程建设的资金数额。本指标应根据"一事一议资金"科目年末贷方余额填列；如为借方余额，本项目数字应以"一"号表示。

25. 所有者权益：指投资者对村集体经济组织净资产的所有权，包括资本、公积公益金、未分配收益等。

26. 资本：指村集体经济组织实际收到投入的资本总额。本指标应根据"资本"科目的年末余额填列。

27. 公积公益金：指村集体经济组织公积公益金的年末余额。本指标应根据"公积公益金"科目的年末贷方余额填列。

28. 未分配收益：指村集体经济组织尚未分配的收益。本指标应根据"本年收益"科目和"收益分配"科目的余额计算填列；未弥补的亏损，在本项目内数字以"一"号表示。

29. 经营性资产总额：指村集体经济组织年度结束时仍存在的直接用于经营的房屋、建筑物、机器设备、工具器具和农业基础设施等资产，集体经济组织投资兴办的企业及其所持有的其他经济组织的资产份额，以及集体经济组织拥有的无形资产等。本指标应根据"货币资金""短期投资""应收款""存货""牲畜（禽）资产""林木资产""长期投资""固定资产""无形资产"等科目年末余额分析填列。

30. 经营性固定资产合计：指村集体经济组织年度结束时仍存在的直接用于经营的各种固定资产，包括房屋、建筑物、机器设备、工具器具及农业基础设施等资产。本指标应根据"固定资产"科目年末余额分析填列。

31. 经营性负债：指村集体经济组织用于生产经营活动而发生的负债余额。此数据应从相关负债类明细科目借贷双向发生额及历史记录分析计算填列。

32. 兴办公益事业负债：指由于村集体经济组织为兴办文化、教育、体育、卫生等公益事业和公共设施而发生的负债余额。如兴办教育、修建道路及自来水设施、环境治理等而发生的、至统计截止日止尚未归还的负债。此数据应从相关负债类明细科目借贷双向发生额及历史记录分析计算填列。

33. 当年新增负债：指村集体经济组织当年因生产经营活动和兴办公益事业而增加的负债总额。此数据应从相关负债类明细科目借贷双向发生额及历史记录分析计算填列。

五、农村集体产权制度改革情况统计表

1. 完成产权制度改革单位数：指组、村、乡（镇）级集体经济组织按照中央农村集体产权制度改革的要求，完成农村集体

经济组织成员身份确认、清产核资，将集体资产以股份或份额形式量化到成员，合理设置和管理股权，建立股东（成员）大会、理事会、监事会等管理决策机制、收益分配机制，完成股份合作制改革的个数。不包括完成农村土地承包经营权确权登记颁证、林权制度改革的情况，以及村办企业实行股份制、股份合作制改革的情况。

2. 在农业农村部门登记赋码的单位数：指完成产权制度改革的组、村、乡（镇）级集体经济组织，根据《农业农村部、中国人民银行、国家市场监管总局关于开展农村集体经济组织登记赋码工作的通知》要求，在农业农村部门办理登记注册，获得农村集体经济组织登记证的个数。

3. 在市场监督管理部门登记的单位数：指完成产权制度改革的组、村、乡（镇）级集体经济组织，依照有关规定在市场监督管理部门办理登记注册，获得企业法人营业执照的个数。

4. 登记为农民专业合作社的单位数：指完成产权制度改革的组、村、乡（镇）级集体经济组织，依照有关规定在工商行政管理部门办理登记注册，获得农民专业合作社法人营业执照的个数。

5. 其他（完成产权制度改革单位数）：指组、村、乡（镇）级集体经济组织完成产权制度改革，但没有进行登记赋码的个数。

6. 改革时点量化资产总额：指完成产权制度改革的组、村、乡（镇）级集体经济组织，在产权制度改革时点量化集体资产的金额。

7. 量化经营性资产总额：指完成产权制度改革的组、村、乡（镇）级集体经济组织，在产权制度改革时点量化集体经营性资产的金额。

8. 股东总数：指完成产权制度改革的组、村、乡（镇）级集体经济组织股东合计数，包括成员股东个数、集体股东个数、其他股东个数等。

9. 成员股东数：指组、村、乡（镇）级集体经济组织股东中本集体经济组织成员持有股份的人数。

10. 集体股东数：指组、村、乡（镇）级集体经济组织股东中持有集体股的个数。

11. 股本总额：指完成产权制度改革的组、村、乡（镇）级集体经济组织，全部股份对应的金额，包括成员股本金额、集体股本金额、其他股本金额等。其计算公式为：股本总额＝股份总数×每股价值。

12. 成员股本金额：指组、村、乡（镇）级集体经济组织中成员股东所持股份对应的金额。其计算公式为：成员股本＝成员股东所持股份数×每股价值。

13. 集体股本金额：指组、村、乡（镇）级集体经济组织所持集体股对应的金额。其计算公式为：集体股本＝集体经济组织所持股份数×每股价值。

14. 本年股金分红总额：指完成产权制度改革的组、村、乡（镇）级集体经济组织，本年股东分红总额。

15. 累计股金分红总额：指完成产权制度改革的组、村、乡（镇）级集体经济组织，历年累计股东分红总额。

16. 成员股东分红金额：指完成产权制度改革的组、村、乡（镇）级集体经济组织，成员股东历年累计分红总额。

17. 集体股东分红金额：指完成产权制度改革的组、村、乡（镇）级集体经济组织，集体股东历年累计分红总额。

18. 年末资产总额：指完成产权制度改革的组、村、乡（镇）级集体经济组织，统一经营管理的流动资产、农业资产、长期资产等集体资产总额。本指标应根据有关科目的年末余额合计填列。

19. 经营性资产总额：指完成产权制度改革的组、村、乡（镇）级集体经济组织统一经营管理的经营性资产总额。本指标应根据有关科目的年末余额分析填列。

20. 公益性支出总额：指完成产权制度改革的组、村、乡（镇）级集体经济组织，本年用于基础设施、公共福利等公益性支出总额。

21. 公益性基础设施建设投入：指本年组、村、乡（镇）级集体经济组织利用自有资金、一事一议资金和财政资金等兴修村内道路、水利、电力、文化、卫生、体育、教育等公益性设施投入。应从资产及支出类账户中分析填列。

22. 支付的公共服务费用：指本年组、村、乡（镇）级集体经济组织用自有资金支付的公共卫生（如垃圾处理、防疫）、教育、计划生育、优抚、五保户供养、消防、治安、公益设施维护和应对突发公共事件而发生的劳务费用、优抚和供养资金、材料费、运输费等，但不包括管理费用。

23. 上缴税金总额：指完成产权制度改革的组、村、乡

（镇）级集体经济组织，本年实际缴纳的契税、印花税、企业所得税、增值税以及代扣代缴的个人所得税等各种税费总额。

24. 代缴红利税总额：指完成产权制度改革的组、村、乡（镇）级集体经济组织，本年实际代扣的股东分红应纳个人所得税总额。

六、农业农村部门名录管理家庭农场情况统计表

1. 家庭农场数量：家庭农场是指以家庭成员为主要劳动力，以家庭为基本经营单元，从事农业规模化、标准化、集约化生产的经营方式。纳入本表统计的为农业农村部门名录管理家庭农场数量，指按照《关于实施家庭农场培育计划的指导意见》要求，符合当地农业农村部门提出的家庭农场名录管理要求，纳入当地农业农村部门家庭农场名录的家庭农场数量。

2. 县级及以上农业农村部门评定的示范家庭农场（数量）：指依据县级及以上农业农村部门出台的有关办法，审查评定为示范家庭农场的数量。

3. 家庭农场经营土地面积：指家庭农场实际经营农地的面积。

4. 耕地（面积）：指家庭农场经营土地面积中，按照《土地利用现状分类》（GB/T 21010—2007），属于耕地的面积。

5. 家庭承包经营（耕地面积）：指家庭农场实际经营耕地面积中以家庭承包方式获得的耕地面积。

6. 流转经营（耕地面积）：指家庭农场实际经营耕地中属于流转而来的面积。

7. 草地（面积）：指家庭农场经营农地面积中属于草地的面积。

8. 水面（面积）：指家庭农场经营农地面积中，用于渔业养殖的水域、滩涂的面积。

9. 其他（面积）：指在家庭农场经营土地总面积中，除耕地、草地、水面之外的面积。

10. 家庭农场劳动力数量：指家庭农场当年从事农业生产经营的家庭成员劳动力和常年雇工总数。

11. 家庭成员劳动力（数量）：指家庭农场劳动力中身份为家庭成员的劳动力数量。

12. 常年雇工劳动力（数量）：指家庭农场受雇期限年均9个月及以上或按年计酬的雇工。

13. 种植业（家庭农场）：指从事粮食作物、经济作物、园艺作物等农作物生产的家庭农场。

14. 粮食产业（家庭农场）：指从事谷物、豆类、薯类等农作物生产的家庭农场。

15.（粮食产业）经营土地面积 50～100 亩（家庭农场数量）：指从事粮食作物种植面积在 50 亩以上，100 亩以下（含 50 亩、不含 100 亩）的家庭农场。其他依次类推。

16. 畜牧业（家庭农场）：指从事畜禽养殖和繁育的家庭农场。

17. 生猪产业（家庭农场）：指从事饲养和繁育取得生猪的家庭农场。

18. 奶业（家庭农场）：指从事饲养奶牛、奶羊以获取牛奶、羊奶为主的家庭农场。

19. 渔业（家庭农场）： 指从事水产养殖、繁育的家庭农场。

20. 种养结合（家庭农场）： 综合开展种植业、养殖业生产经营的家庭农场。

21. 其他（家庭农场）： 指从事除种植业、畜牧业、渔业、种养结合类家庭农场以外的家庭农场。

22. 年销售农产品总值： 指家庭农场当年自主生产并出售的农、林、牧、渔等农产品的收入。不包括农民自食自用、赠送亲友部分。

23.（年销售农产品总值）10 万元以下（家庭农场）： 指本年度销售农产品总金额在 10 万元以下的家庭农场。

24.（年销售农产品总值）10 万～30 万元（家庭农场）： 指本年度销售农产品总金额在 10 万元以上，30 万元以下（包括 10 万元、但不包括 30 万元）的家庭农场。其他依次类推。

25.（年销售农产品总值）50 万元以上（家庭农场）： 指本年度销售农产品总金额在 50 万元（含 50 万元）以上的家庭农场。

26. 购买农业生产投入品总值： 指家庭农场本年度购买的农用生产资料等投入品总金额。

27. 拥有注册商标的家庭农场数： 指拥有注册商标的家庭农场数量。

28. 通过农产品质量认证的家庭农场数： 指通过绿色食品、有机食品、地理标志农产品、森林食品等质量认证的家庭农场数量。

29. 获得财政扶持资金的家庭农场数： 指获得各级财政资金

扶持的家庭农场数量。

30. 各级财政扶持资金总额：指家庭农场当年获得各级财政扶持资金的总额。

31. 中央（财政扶持资金）：指家庭农场当年获得的中央财政扶持资金的金额。

32. 省级（财政扶持资金）：指家庭农场当年获得的省级财政扶持资金的金额。

33. 市级（财政扶持资金）：指家庭农场当年获得的市级财政扶持资金的金额。

34. 县级及以下（财政扶持资金）：指家庭农场当年获得的县级及以下（乡、镇）财政扶持资金的金额。

35. 获得贷款支持的家庭农场数：指当年获得贷款支持的家庭农场数量。

36.（获得贷款支持）20 万元以下（的家庭农场数量）：指本年度获得贷款支持金额在 20 万元以下的家庭农场数量。

37.（获得贷款支持）20 万～50 万元（的家庭农场数量）：指本年度获得贷款支持金额在 20 万元以上，50 万元以下（包括 20 万元、不包括 50 万元）的家庭农场数量。

38.（获得贷款支持）50 万元以上（的家庭农场数量）：指本年度获得贷款支持金额 50 万元以上（包括 50 万元）的家庭农场数量。

39. 获得贷款资金总额：指当年家庭农场获得贷款支持资金总额。

图书在版编目（CIP）数据

中国农村政策与改革统计年报.2019年／农业农村部政策与改革司编.—北京：中国农业出版社，2020.8
ISBN 978-7-109-27202-6

Ⅰ.①中… Ⅱ.①农… Ⅲ.①农业统计－统计资料－中国－2019－年报 Ⅳ.①F322-66

中国版本图书馆 CIP 数据核字（2020）第 152762 号

中国农业出版社出版
地址：北京市朝阳区麦子店街 18 号楼
邮编：100125
责任编辑：卫晋津
版式设计：王 晨 责任校对：吴丽婷
印刷：中农印务有限公司
版次：2020 年 8 月第 1 版
印次：2020 年 8 月北京第 1 次印刷
发行：新华书店北京发行所
开本：880mm×1230mm 1/32
印张：4.75
字数：130 千字
定价：40.00 元